快樂寫程式 輕鬆學Python

# 完全圖解
# Python®
## 程式設計

快樂寫程式 輕鬆學 Python

# 完全圖解
# Python®
## 程式設計

# 完全圖解 Python 程式設計

作　　者：Carol Vorderman
譯　　者：黃詩涵
企劃編輯：蔡彤孟
文字編輯：江雅鈴
設計裝幀：張寶莉
發 行 人：廖文良

發 行 所：碁峰資訊股份有限公司
地　　址：台北市南港區三重路 66 號 7 樓之 6
電　　話：(02) 2788-2408
傳　　真：(02) 8192-4433
網　　站：www.gotop.com.tw
書　　號：ACL053800
版　　次：2019 年 3 月初版
建議售價：NT$450

授權聲明：Original Title: Computer Coding Python
Projects for Kids
Copyright © Dorling Kindersley Limited, 2017
A Penguin Random House Company.

## 讀者服務

- 感謝您購買碁峰圖書，如果您對本書的內容或表達
上有不清楚的地方或其他建議，請至碁峰網站：「聯
絡我們」\「圖書問題」留下您所購買之書籍及問題。
（請註明購買書籍之書號及書名，以及問題頁數，
以便能儘快為您處理）
http://www.gotop.com.tw

- 售後服務僅限書籍本身內容，若是軟、硬體問題，
請您直接與軟體廠商聯絡。

- 若於購買書籍後發現有破損、缺頁、裝訂錯誤之問
題，請直接將書寄回更換，並註明您的姓名、連絡
電話及地址，將有專人與您連絡補寄商品。

國家圖書館出版品預行編目資料

完全圖解 Python 程式設計 / Carol Vorderman 原著；
　黃詩涵譯 . -- 初版 . -- 臺北市：碁峰資訊, 2018.11
　面；　公分
　譯自：Computer Coding Python Projects for Kids
　ISBN 978-986-476-948-3 (平裝)
　1.Python (電腦程式語言)
312.32P97　　　　　　　　　　　　　107017610

A WORLD OF IDEAS:
**SEE ALL THERE IS TO KNOW**

www.dk.com

**CAROL VORDERMAN MBE** 是深受大眾喜愛的英國電視節目主持人,以卓越的數理能力聞名。她主持了《Tomorrow's World》、《How 2》等多個以科技為主題的電視節目,並且有長達二十六年的時間,和其他藝人一起主持英國知名電視臺 Channel 4 的長壽節目《Countdown》。她還擁有英國劍橋大學工程學位,不僅在推廣科技教育上不遺餘力,對程式設計也有濃厚的興趣。

**CRAIG STEELE** 是計算機科學教育領域的專家,目前擔任英國蘇格蘭 CoderDojo 基金的專案經理,這個慈善組織是專為年輕學子設立免費的程式教學俱樂部。CRAIG 以往曾在 Raspberry Pi 基金會、英國蘇格蘭的 Glasgow 科學中心和英國知名電視臺 BBC 成立的 micro:bit 專案裡服務。個人生平擁有的第一部電腦是 1982 年由 Sinclair 公司所生產的八位元電腦 ZX Spectrum。

**CLAIRE QUIGLEY** 博士在英國蘇格蘭的 Glasgow 大學攻讀計算機科學,並且取得碩博士學位。她曾在英國劍橋大學的電腦實驗室和英國蘇格蘭的 Glasgow 科學中心工作,目前正參與一項專案,為英國愛丁堡當地的小學開發音樂與科技資源,同時也在英國蘇格蘭 CoderDojo 基金會擔任指導老師。

**MARTIN GOODFELLOW** 博士擁有計算機科學的博士學位,在程式教學上的經驗非常豐富,也在大學裡開授課程。他為英國蘇格蘭 CoderDojo 基金會、政府的職業技能發展機構、慈善組織 Glasgow Life 和政府的經濟發展委員會 Highlands and Islands Enterprise 開發教育內容和規劃研習會,也為英國知名電視台 BBC 提供數位內容方面的諮詢服務,並且擔任提升程式素養活動 National Coding Week 的蘇格蘭大使。

**DANIEL McCAFFERTY** 在英國蘇格蘭 Strathclyde 大學取得計算機科學的學位後,曾在許多不同規模大小的公司擔任軟體工程師,從銀行業到傳播業都待過。Daniel 目前和妻子、女兒住在英國蘇格蘭的 Glasgow 市,教授年輕學子程式設計之餘,他喜歡騎自行車,和家人一起共度美好時光。

**JON WOODCOCK** 博士在英國牛津大學念物理系,並且在英國倫敦大學攻讀計算物理學。他從八歲開始就迷上程式設計,至今已在各種電腦上寫過程式,從單晶片的微處理器到世界級的超級電腦都用過。他也是 DK 出版社暢銷書《Computer Coding Games for Kids》的作者,另有其他六本由 DK 出版社發行的程式設計著作或共同著作。

# 目錄

8　　　推薦序

## 1 ⬛ PYTHON 新手教學

12　　什麼是「寫程式」？
14　　認識 Python
16　　安裝 Python
18　　使用 IDLE 工具

## 2 ⬛ PYTHON 新手的第一步

22　　第一個 Python 程式
24　　變數
28　　做決定
32　　重複循環的迴圈
36　　動物益智問答
44　　函式
48　　除錯
52　　密碼組合 & 產生器
58　　模組
60　　九條命

## 3 ⬛ PYTHON 新手的畫畫課

72　　機器人產生器
82　　螺旋萬花筒
90　　星星萬花筒
98　　突變的彩虹萬花筒

## 4 ⬛ PYTHON 新手的趣味小程式

110　　日期倒數計時器
120　　專家知識庫
130　　祕密通訊
142　　電子寵物

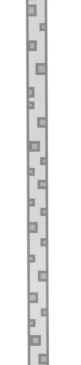

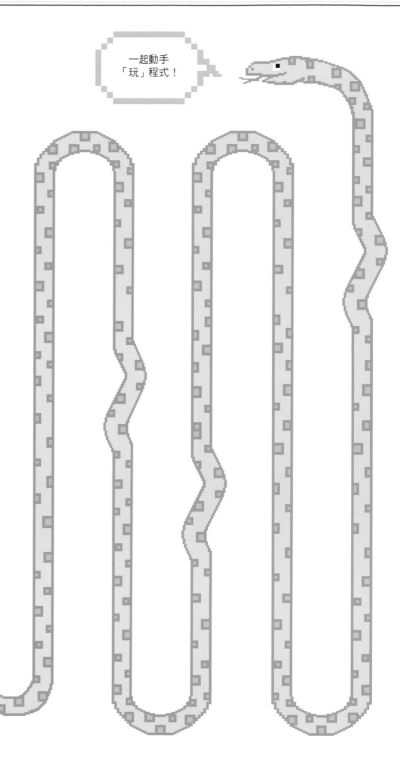

一起動手
「玩」程式！

## 5　PYTHON 新手玩遊戲

158　毛毛蟲餓了
168　眼明手快
180　記憶配對遊戲
190　接雞蛋

## 6　參考資料

202　範例程式碼
220　專有名詞
222　索引
224　致謝

更多參考資訊請參見本書官網：
**www.dk.com/computercoding**

# 作者序

生活在數位時代的我們，幾乎每件事都會用到電腦。不久之前，電腦還只能放在桌上，是一臺笨重又吵雜的機器，現在卻已經搖身一變，成為迷你又安靜的裝置，悄悄地隱身在我們的手機、汽車、電視，甚至是手錶裡。我們不僅用電腦工作、玩遊戲、看影片、購物，也和我們的朋友、家人保持聯繫。

現在的電腦在使用上非常簡單，人人都能操作，但很少人知道怎麼寫程式讓電腦運作。學會寫程式能讓你了解電腦內部的結構，知道電腦實際運作的方式。只要稍加練習，人人都能開發出自己的應用程式、遊戲，或是透過修改別人的程式，創造出巧妙的作品。

寫程式不僅是一項讓人欲罷不能的興趣，它還是一項技能，全世界都對這項技能有龐大的需求。不論你想過怎樣的生活，是否對科學、藝術、音樂、運動或商業感興趣，學習如何寫程式能成為你的個人優勢。

從 Scratch™ 這種簡單、拖拉圖像就能寫程式的語言，到 JavaScript® 這種專為網頁設計的語言，今日我們能學的程式語言有上百種。本書內容是以 Python® 為中心而設計，這是目前全世界使用最廣泛的程式語言，同時受到學生和專業人士的歡迎，不僅容易上手，而且功能強大、用途廣泛，不論是程式新手還是已經學過 Scratch 這類簡單程式語言的人，Python 都會是你學習程式語言時最棒的選擇。

學習程式最好的方法是投入熱情，動手去做，這也是本書設計的學習方針。只要跟著書中精心編排的步驟逐步進行，立刻就能創作出應用程式、遊戲、圖形和謎題。如果你能在學習的過程中感受到寫程式的樂趣，就更容易學會，所以本書盡可能將範例程式設計得更有趣。

完全沒學過程式設計的讀者真的不用擔心，只要從本書第一章開始，按部就班跟著書中的範例程式學習，遇到不懂的問題時不要在意，寫程式就是需要練習，寫得越多，了解越多。第一次寫完程式後，如果無法執行，請別灰心，即使是累積多年程式經驗的專業人士也常常需要幫程式除錯。

練習完書中的每個範例後，可以看看進階變化的提示，自己試著動手改改看，只要一點點的程式能力再加上一點點的想像力，你也能成為創意無限的程式人。

CAROL VORDERMAN

# Python
# 新手教學

# 什麼是「寫程式」？

我們常聽到的電腦程式設計師（computer programmer）或是「寫程式的人」（coder），都是指那些寫出指令，讓電腦一步步執行工作的人，他們能讓電腦進行計算、製作音樂、讓機器人在空間裡四處移動或是讓火箭飛向火星。

△ 訓練寵物
學會寫程式就能自己設計程式，讓電腦幫我們完成想做的事。這有點像養了一隻電子寵物後，要訓練它會一些才藝！

## 無聲的箱子

電腦不會主動做任何事，除非有人告訴它確實要執行的工作，否則就只是一個靜置在空間裡、不會發出任何聲響的箱子。由於電腦不會主動思考，只會等著人來告訴它要做什麼，因此，寫程式的人必須代替電腦思考，仔細將電腦要執行的指令寫下來。

## 程式語言

為了告訴電腦我們想讓它做的事，就必須學習能和電腦溝通的程式語言。圖形化程式語言對初學者來說容易學習，專業的程式設計師則會使用以文字指令為基礎的程式語言。本書內容採用目前最熱門的文字式程式語言—Python。

說點什麼來聽聽吧？

▽ Scratch
Scratch 屬於圖形化程式語言，它的強項是創作遊戲、動畫和互動式故事。在 Scratch 的開發環境下，寫程式就是把「積木指令」拼在一起。

▽ Python
Python 是以文字指令為基礎的程式語言。在 Python 的開發環境下，程式設計師寫程式是用英文單字、縮寫、數字和符號，以電腦鍵盤輸入程式指令。

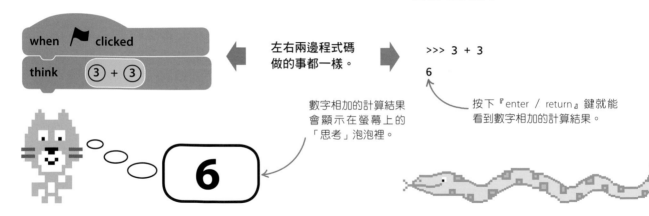

左右兩邊程式碼做的事都一樣。

```
when 🏳 clicked
think  3 + 3
```

數字相加的計算結果會顯示在螢幕上的「思考」泡泡裡。

```
>>> 3 + 3
6
```

按下『enter / return』鍵就能看到數字相加的計算結果。

# 人人都能寫程式

想成為「寫程式的人」，你只需要學幾個基本規則和指令，就能開始寫一些能跟自身技能和興趣配合的程式。例如，從事科學研究的人可以開發應用程式，將實驗結果繪製成圖表；具備美術能力的人可以設計一個外星世界，創造一款屬於自己的電子遊戲。

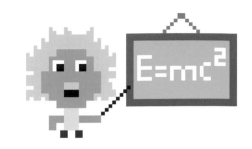

### ▽ 邏輯思考

「寫程式的人」必須具有邏輯思考能力和細心的態度，才能寫出好程式。如果程式碼裡的指令不完全正確或步驟的順序錯了，程式就無法運作。因此，請仔細思考每個步驟，確定它們發生的順序符合邏輯，這就像你會先穿內褲，才穿上褲子，不是嗎？

我知道……你穿錯了！

### ▽ 注意細節

如果你很擅長玩「大家來找碴」這類的解謎遊戲，或許能成為優秀的程式人，這是因為寫程式時，一項必備的重要技巧是找出程式碼裡的錯誤。這些錯誤通常稱為「臭蟲」（Bug），即使是程式碼裡十分微小的錯誤也會導致嚴重的問題。眼力好的程式人能憑指令的邏輯或順序，挑出程式碼裡的拼字錯誤或設計上的缺失。為程式除錯是非常棘手的工作，但想提升程式能力，從錯誤中學習是最棒的方法。

張大眼睛留意！

### ▦ 知識補給站

## 程式裡的臭蟲（Bug）

「程式裡的臭蟲」是指存在程式碼裡的錯誤，造成程式的表現異常。之所以稱為臭蟲，是因為早期的電腦有時會因為昆蟲跑進電路裡而發生故障。

我在抓「臭蟲」！

英文小教室
本書幽默地將「bug hunt」設計成雙關語：抓出程式錯誤／抓「臭蟲」。

# 動手寫程式

許多人一聽到寫程式，就覺得是一項艱難的任務，但學習寫程式其實相當容易，秘訣就是投入熱情，動手去做。本書設計的程式教學內容是從簡單的範例起始，逐步引導你寫程式的方法，只要跟著書中精心編排的步驟實做，你也能立刻創作出遊戲、應用程式和數位藝術。

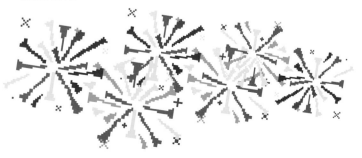

# 認識 Python

Python 是全世界最熱門的電腦程式語言之一，自 1990 年代釋出第一版以來，Python 逐漸開發出百萬個應用程式、遊戲和網站。

## 本書選擇 Python 的理由

對剛開始學習電腦程式設計的初學者來說，Python 是很棒的入門語言。許多學校和大學都已經採用 Python 作為程式設計課程的教學內容，以下是 Python 會如此實用的幾個原因。

容易閱讀和撰寫！

### △ 容易閱讀與撰寫
Python 是以文字指令為基礎的電腦程式語言，這些指令是由英文單字、標點符號、記號和數字所組成。這樣的特性使得 Python 語言的程式碼更容易讓人閱讀、撰寫和理解。

### △ 隨處可用
Python 程式的可攜性高，意思是我們能在各種不同的電腦上撰寫和執行 Python 的程式碼，同樣的程式碼在個人電腦、Mac 系統、Linux 環境的機器和迷你電腦 Raspberry Pi 上都能正常運作，不論在哪臺機器上，程式表現的效果都一樣。

### ▽ 備有電池
程式設計師說 Python 是一個「備有電池」的程式語言，這是因為 Python 本身功能完善，安裝之後就能立即開始進行程式設計。

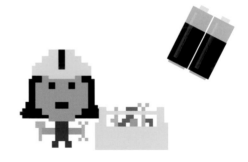

### △ 便利的工具
Python 搭載了大量的便利工具和一些現成就能使用的程式碼，我們稱為標準函式庫（Standard Library）。有了這些便利的工具，人人都能更輕鬆、快速地建立自己的程式。

### ▷ 完善的支援
Python 提供了完善的說明文件，引導初學者入門，包含檢索相關知識的參考資料和大量的範例程式碼。

# 現實生活中的 Python

Python 不只用於程式教育，它強大的程式能力還能用在許多令人興奮和有趣的工作上，例如，商業、醫療、科學和娛樂媒體等領域，甚至還能用來控制家中的燈光和暖器設備。

## 直譯器（Interpreter）

有些程式語言會利用直譯器這種程式，將一種程式設計語言轉換成另一種語言。每當我們執行 Python 程式時，Python 內建的直譯器就會將每一行 Python 程式碼轉換成電腦能理解的特殊程式碼，稱為機器碼。

### ▽ 在網路上搜尋資訊

Python 現已廣泛地應用在網路上，Google 搜尋引擎的部分程式碼就是以 Python 撰寫而成，連 YouTube 也是使用 Python 建構大部分的程式碼。

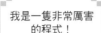

我是一隻非常厲害的程式！

別擔心，這不會……痛！

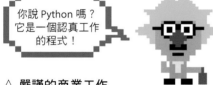

**英文小教室**
Python 的原意是大蟒蛇，所以本書加入了一些蟒蛇的可愛插圖。

你說 Python 嗎？它是一個認真工作的程式！

### △ 嚴謹的商業工作

Python 能協助銀行追蹤每個銀行帳戶底下的錢，幫助大型連鎖商店設定每件販售商品的價格。

### △ 創造醫療奇蹟

Python 能用於設計醫療機器人，執行棘手的手術工作。以 Python 語言為架構所設計出來的手術機器人，在執行醫療工作上不僅比人類更有效率而且更精準，能避免一些人為疏失。

我們一直在等你來！

### △ 飛出地球

軟體工程師利用 Python 語言，為美國太空總署的任務控制中心開發相關工具，幫助控制中心的工作人員進行每項任務的準備工作與監控每項任務的進度。

開拍！！

### △ 製作電影

迪士尼動畫公司利用 Python 程式，自動產生動畫製作過程中重複的部分。原本需要動畫師重複執行相同步驟才能繪製的內容，現在只要利用 Python 程式，就能自動執行這些步驟，省去動畫師大量的工作，大幅縮短影片製作的時間。

# 安裝 Python

本書所有範例程式都是在 Python 3 的環境下完成，因此，請檢查你從網站上下載的安裝檔案是否為正確版本。請配合你的電腦環境，依照指示安裝 Python。

## 在 Windows 系統上安裝 Python

在電腦上安裝 Python 3 之前，請先確認電腦使用的 Windows 版本是 32 位元還是 64 位元。以滑鼠左鍵點擊 Windows 的「開始」功能表，然後移到「電腦」上按滑鼠右鍵，會彈出下拉選單，點選「內容」就能看到版本資訊；若有出現選項，請選擇「系統」。

> **■■■ 知識補給站**
>
> ## Python 內建的 IDLE 工具
>
> 安裝 Python 的同時，還會安裝一個免費應用程式——整合開發環境工具（Integrated Development Environment，簡稱 IDLE）。IDLE 是 Python 專為初學者而設計的工具，包含一個基本的文字編輯器，使用者可以利用這個編輯器撰寫和編輯 Python 的程式碼。

**1 請上 Python 官方網站**
在瀏覽器網址列輸入以下網址，前往 Python 官網。以滑鼠左鍵點擊首頁的『Downloads』（下載），進入安裝程式的下載頁面。

- https://www.python.org/

**3 執行安裝程式**
雙擊安裝程式檔，開始安裝 Python。勾選畫面上的『install for all users』（為所有使用者安裝），不要改變安裝的預設選項，只要按『next』（下一步）。

以滑鼠左鍵點擊安裝程式檔。

**2 下載 Python 安裝程式**
在安裝程式的下載頁面裡，點擊最新版本的 Python 3 安裝程式，版本號碼的開頭是 3。瀏覽器會自動下載安裝程式的檔案，請選擇適合 Windows 版本的「安裝程式執行檔」（executable installer）。

- Python 3.6.0a4 - 2016-08-15
  - Windows x86 executable installer
  - Windows x86-64 executable installer

這是給 32 位元 Windows 使用的安裝程式。

這是給 64 位元 Windows 使用的安裝程式。

**4 開啟 IDLE**
安裝完成後，請確認是否能成功開啟 IDLE 這項程式工具。以滑鼠左鍵點擊 Windows 的「開始」功能表，選擇『所有程式』，然後點選『IDLE』，應該會開啟以下這樣的視窗。

| Python 3.6.0a4 Shell |
|---|
| IDLE    File    Edit    Shell    Debug    Window    Help |

```
Python 3.6.0a4 (v3.6.0a4:017cf260936b, Aug 15 2016, 00:45:10) [MSC v.1900 32
bit (Intel)] on win32
Type "copyright", "credits" or "license()" for more information.
>>>
```

# 在 Mac 系統上安裝 Python

在 Mac 電腦上安裝 Python 3 之前，請先確認電腦使用的作業系統版本。以滑鼠左鍵點擊螢幕左上方的「蘋果」圖示，選擇下拉選單裡的『關於這台 Mac』，即可取得系統資訊。

**1　請上 Python 官方網站**
在瀏覽器網址列輸入以下網址，前往 Python 官網。以滑鼠左鍵點擊首頁的『Downloads』（下載），進入安裝程式的下載頁面。

https://www.python.org/

**3　安裝 Python**
在『下載項目』檔案夾裡找到剛剛下載的檔案『Python.pkg』，檔案圖示看起來像一個打開的包裹，以滑鼠左鍵雙擊檔案就會開始安裝 Python。按下安裝提示畫面上的『Continue』（繼續），使用預設的安裝選項，然後按下『Install』（安裝）。

以滑鼠左鍵點擊「.pkg」檔案，即可執行安裝程式。

**2　下載 Python 安裝程式**
在安裝程式的下載頁面裡，請配合電腦的作業系統點擊最新版本的 Python 3 安裝程式，檔案『Python.pkg』會自動下載到 Mac 電腦裡。

- Python 3.6.0a4 - 2016-08-15
  - Download macOS X 64-bit/32-bit installer

你下載的最新版本不一定和本書使用的版本完全相同，只要確定下載的版本號碼開頭是 3 即可。

**重要**

## 取得安裝軟體的許可

當你想在一臺電腦上安裝 Python 或其他程式，請先取得電腦擁有者或管理者的同意。在安裝程式的過程中，可能還需要請擁有者或管理者提供管理者權限的密碼。

**4　開啟 IDLE**
安裝完成後，請確認是否能成功開啟 IDLE 這項工具程式。開啟『應用程式』檔案夾下的『Python』檔案夾，使用滑鼠左鍵雙擊『IDLE』，應該會出現以下這樣的視窗。

| Python 3.6.0a4 Shell |
|---|
| IDLE　　File　　Edit　　Shell　　Debug　　Window　　Help |

```
Python 3.6.0a4 (v3.6.0a4:017cf260936b, Aug 15 2016, 13:38:16)
[GCC 4.2.1 (Apple Inc. build 5666) (dot 3)] on darwin
Type "copyright", "credits" or "license()" for more information.
>>>
```

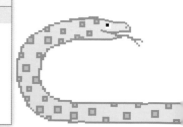

# 使用 IDLE 工具

Python 內建的 IDLE 工具有兩種工作視窗。「Shell 視窗」（shell window）能直接執行我們輸入的 Python 指令，「編輯視窗」（editor window）則只能撰寫程式碼，儲存為檔案。

你應該常常走出背上的殼！

英文小教室
本書幽默地將「shell」設計成雙關語：Shell 視窗／動物身上的殼。

## Shell 視窗

執行 Python 內建的 IDLE 工具後，會開啟 Shell 視窗。這是最適合初學者的開發環境，剛開始練習時，不必建立任何新檔案，直接在 Shell 視窗下輸入程式碼就能看到結果。

▽ **在 Shell 環境下工作**
Shell 程式會立即執行我們輸入的程式碼，並且顯示訊息或「臭蟲」（錯誤），所以，能利用 Shell 視窗測試一小部分的程式碼，再把它們加到更大的程式裡。

顯示我們已經安裝的 Python 版本。

在提示符號「>>>」後輸入程式碼。

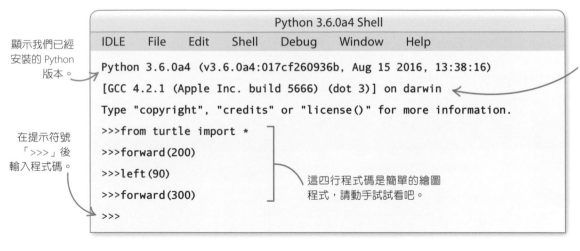

```
Python 3.6.0a4 Shell

IDLE    File    Edit    Shell    Debug    Window    Help

Python 3.6.0a4 (v3.6.0a4:017cf260936b, Aug 15 2016, 13:38:16)
[GCC 4.2.1 (Apple Inc. build 5666) (dot 3)] on darwin
Type "copyright", "credits" or "license()" for more information.
>>>from turtle import *
>>>forward(200)
>>>left(90)
>>>forward(300)
>>>
```

這一行文字會因為電腦安裝的作業系統而不同。

這四行程式碼是簡單的繪圖程式，請動手試試看吧。

程式高手秘笈

## 以顏色表示不同的視窗

本書以下列兩種顏色分別表示 IDLE 工具的兩種工作視窗，方便我們知道要在哪一個視窗下輸入程式碼。

**Shell 視窗**

**編輯視窗**

▽ **動手試試看**
請在 Shell 視窗下輸入以下這幾行程式碼，每輸入完一行就按下『enter／return』鍵。第一行程式碼會顯示一句訊息，第二行會計算數學式，你知道第三行會做什麼嗎？

```
>>> print('I am 10 years old')


>>> 123 + 456 * 7 / 8


>>> ''.join(reversed('Time to code'))
```

# 編輯視窗

Shell 視窗無法儲存我們輸入的程式碼，因此，關閉視窗後，先前輸入的程式碼會永遠遺失，這就是開發專案時應該選擇編輯視窗的原因。編輯視窗不僅能儲存程式碼，還有一些內建工具可以幫助我們撰寫程式和解決問題。

▽ **開啟編輯視窗**
想開啟 IDLE 工具的編輯視窗，請點擊 Shell 視窗上方工具列中的『File』（檔案），選擇『New File』（新增檔案），就會出現一個空白的編輯視窗。我們要在這個視窗下撰寫和執行本書的範例程式。

程式碼撰寫區。執行此處的程式會顯示一份清單，說明哪些數字是偶數，哪些數字是奇數。

顯示檔案名稱。

點擊工具列的『Run』，就能從下方選單執行程式。

編輯視窗的工具列和 Shell 視窗不同。

要讓 Python 程式「印出」的所有內容，都會顯示在 Shell 視窗裡。

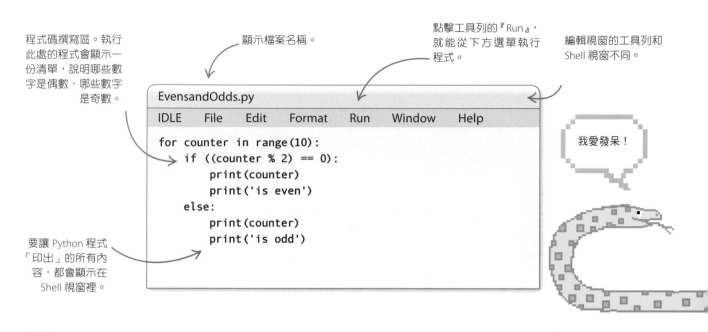

```
EvensandOdds.py

IDLE    File    Edit    Format    Run    Window    Help

for counter in range(10):
    if ((counter % 2) == 0):
        print(counter)
        print('is even')
    else:
        print(counter)
        print('is odd')
```

我愛發呆！

---

**程式高手秘笈**

## 程式碼的文字顏色

IDLE 工具會自動以不同顏色顯示程式碼裡各個部分的文字，文字顏色不僅能讓我們更容易理解程式碼的內容，還有助於發現錯誤。

◁ **符號和名稱**
程式碼中大部分的文字都屬於這一類，顯示為黑色。

◁ **輸出結果**
執行程式碼後產生的任何文字都會顯示為藍色。

 ◁ **內建命令**
Python 內建命令，例如，函式『print』會顯示為紫色。

 ◁ **錯誤訊息**
程式碼發生任何錯誤時，Python 會以紅色文字顯示錯誤訊息。

 ◁ **關鍵字**
Python 使用的某些特殊關鍵字會顯示為橘色，例如，條件式『if』和『else』。

 ◁ **單引號中的文字**
單引號本身和單引號包圍的文字都會顯示為綠色，能幫助我們檢查是否缺少其中一個引號。

# Python 新手
# 的第一步

# 第一個 Python 程式

Cedric，你好！

我們在第一章已經學過怎麼安裝 Python 和 IDLE 工具，現在要開始寫第一個 Python 程式。只要跟著以下這些簡單的步驟，馬上就能完成簡單的程式，在畫面上顯示愉快的訊息，向使用者打招呼。

## 程式技巧

執行範例程式後，我們首先會在畫面上看到訊息「Hello, World!」，接著，程式會問我們叫什麼名字，輸入名字後，程式會再次跟我們打招呼，不同的是，這次它在問候訊息裡加上了名字，這是因為它利用「變數」（variable）這項技巧，記下我們輸入的內容，所以「變數」能用來儲存程式需要的資訊。

▷ **程式流程圖**
程式設計師利用「流程圖」規劃和說明程式的運作方式。流程圖裡的每個方格都是一個步驟，每個步驟之間以箭頭連接。流程圖裡的步驟有時會是一個需要判斷答案的問題，根據結果會有多個箭頭指向不同的步驟。

```
程式開始
  ↓
向使用者打招呼
  ↓
請使用者輸入
自己的名字
  ↓
在問候訊息裡加上
使用者的名字
  ↓
程式結束
```

Hello, World!

**1** 執行 IDLE
執行 IDLE 工具後，會開啟 Shell 視窗，先暫時不要管它，點擊工具列的『File』（檔案），選擇『New File』（新增檔案），開啟空白編輯視窗，在這個視窗裡寫程式。

New File（新增檔案）

Open（開啟舊檔）

Open Module（開啟模組）

Recent Files（最近開啟的檔案）

Class Browser（瀏覽類別目錄）

Path Browser（瀏覽工作目錄）

**2** 輸入第一行程式碼
請在編輯視窗裡輸入以下這行文字。其中單字『print』是 Python 的內建指令，負責告訴電腦要在螢幕上顯示哪些內容，例如，範例程式裡的文字「Hello, World!」。

```python
print('Hello, World!')
```

**3** 儲存檔案
執行程式碼之前，必須先儲存成檔案。請點擊『File』（檔案），選擇『Save』（儲存檔案）。

Close（關閉視窗）

Save（儲存）

Save As...（另存新檔）

**4** **儲存 .py 檔**
請在跳出的對話框裡輸入程式名稱，例如，「helloworld.py」，
然後按下『Save』（儲存檔案）。

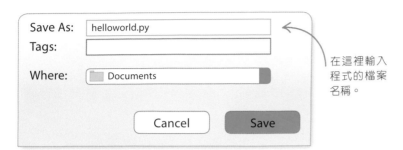

在這裡輸入
程式的檔案
名稱。

知識補給站

## .py 檔

Python 程式名稱的副檔名通常是
『.py』，方便我們辨識哪些檔案
是 Python 程式。因此，當我們儲
存程式檔案時，Python 會自動加
上『.py』的副檔名，不用再自己
手動輸入。

**5** **確認程式是否能正常運作**
我們現在要執行剛剛寫的第一行程式
碼，看看是否能正常運作。請點擊工具
列的『Run』（執行），選擇『Run
Module』（執行程式），Shell 視窗裡應
該會出現一行訊息「Hello, World!」。

Python Shell（開啟Shell視窗）
Check Module（檢查語法錯誤）
Run Module（執行）

```
>>>
Hello, World!
>>>
```

執行程式後，Shell
視窗裡會出現這行
訊息。

**6** **修正錯誤**
如果執行程式之後發現無法正常運作，
請先冷靜！每位程式設計師都會犯錯，
如果想成為專業的程式設計師，找出藏
在程式碼裡的「臭蟲」是非常重要的訓
練。所以，請回頭再檢查一次程式碼有
沒有打錯字。字串有沒有加上單引號？
『print』有沒有拼錯？修正錯誤之後再
重新執行程式碼。

程式高手秘笈

## 快捷鍵（Keyboard shortcut）

在編輯視窗下只要按鍵盤上的『F5』鍵就能
執行程式，比用滑鼠點擊『Run』，再選擇
『Run Module』要快得多，是非常實用的快
捷鍵。

**7** **多加幾行程式碼**
執行成功後，請回到編輯視窗，我們要多加兩行程式碼。
請看右邊的程式碼，中間那一行是問使用者叫什麼名字，
然後把使用者輸入的名字儲存在變數裡。最後一行是加上
使用者的名字，重新顯示問候訊息。你可以隨意將這裡的
問候訊息改成喜歡的文字，不管你想要有禮貌還是變
粗魯！

```python
print('Hello, World!')
person = input('What is your name?')
print('Hello,', person)
```

詢問使用者的名字，並且將輸入的
名字儲存在變數『person』裡。

**8** **最後一步**
請重新執行程式碼。根據程式指示輸入名字，按下
『enter / return』鍵後，Shell 視窗應該會顯示一行經過個
人化的文字訊息。執行完這一步後，恭喜你，完成第一個
Python 程式！朝成為厲害程式設計師之路邁出第一步。

```
Hello, World!
What is your name?Josh
Hello, Josh
```

使用者輸入
的名字

# 變數（Variable）

如果想寫出實際能用的程式碼，就一定會需要儲存和標記程式內的部分資訊，這正是變數擅長的工作。變數適用的範圍非常廣泛，從追蹤、記錄玩家在遊戲內的得分，到完成計算和儲存物品清單，變數都是程式碼裡不可或缺的角色。

## 如何建立變數？

建立變數時要先幫它取名字，想個好名字可以提醒我們變數裡儲存的資料是什麼。取好變數名稱後，就要決定變數儲存的內容，也就是變數值。「指定數值」給變數的程式寫法是先輸入變數名稱，然後在名稱後加上等號，最後輸入變數儲存的數值。

△ **收納箱**

變數就像貼上名字標籤的收納箱，我們可以把想要儲存的資料放在這個箱子裡，使用資料時，只要用標籤上的名字就能找出資料。

**1** **指定變數值**
請在 Shell 視窗裡輸入右邊這行程式碼。目的是產生一個變數 **age**，並且指定數值給它。如果你不想用範例中的 12，也可以指定自己的年齡值。

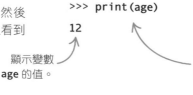

這是我們儲存在變數裡的值。

```
>>> age = 12
```

這是我們幫變數取的名字。

**2** **在螢幕上顯示變數值**
請在 Shell 視窗裡輸入右邊這行程式碼，然後按下『enter / return』鍵，就能在螢幕上看到程式執行的結果。

```
>>> print(age)
12
```

顯示變數 **age** 的值。

函式 **print()** 會幫我們把括號裡的變數值顯示在螢幕上。

### 程式高手秘笈

## 變數命名

幫變數取個好名字，更容易了解我們寫的程式。例如，不要把變數取名為 **lives** 或 **lr**，改用有意義的名字 **lives_remaining**，一看就知道這個變數是記錄遊戲裡玩家還剩幾條命。變數名稱可以包含字母、數字和「底線」字元，但名稱開頭必須是字母。大家只要跟著這裡所列的命名規則為變數取名字，就不用擔心會出錯。

**變數命名規則**

- 變數名稱的開頭必須是字母。
- 所有的字母和數字都能用在變數名稱裡。
- 不能使用特殊的符號字元，像是 -、/、# 或 @。
- 不能使用「空白」（space）字元。
- 可以使用「底線」（_）字元來代替「空白」字元。
- 在 Python 裡，大小寫是不同的字母，所以「Score」和「score」會當成兩個不同的變數。
- 避免使用 Python 內建命令的名稱，例如，「print」。

### 知識補給站

## 資料型態——整數 & 浮點數

寫程式時，我們稱完整的數字為整數（integer），帶有小數的數字則稱為浮點數（float）。程式通常會使用整數來計算事物，浮點數則多半用在測量事物上。

一整隻綿羊（整數）

0.5 隻綿羊（浮點數）

# 數字運算

變數也能儲存數字，並且進行加總或是搭配數學符號做一些計算，就像我們平常做的數學運算一樣。Python 使用的數學符號類似數學課使用的計算符號，不過，請注意其中兩個符號「乘」和「除」，和我們平常使用的符號長的不太一樣。

| 運算符號 | 意義 |
| --- | --- |
| + | 加 |
| − | 減 |
| * | 乘 |
| / | 除 |

Python 使用的部分數學運算符號

**1** **簡單的數學運算**
請在 Shell 視窗裡輸入右邊的程式碼。這幾行程式碼利用兩個變數 x 和 y 儲存數字，並且進行簡單的乘法計算。按下『enter / return』鍵就能得到計算的答案。

產生一個新變數 x，指定變數值為 6。

```
>>> x = 6
>>> y = x * 7
>>> print(y)
42
```

顯示計算結果。

顯示變數 y 的值。

將變數 x 乘上 7，並且把計算結果儲存到變數 y。

**2** **修改變數值**
只要重新指定一個值給變數，就能修改變數值。在右邊的程式碼裡，我們將變數 x 的值改為 10，然後再顯示一次計算結果，你認為答案會是什麼？

改變 x 的變數值。

```
>>> x = 10
>>> print(y)
42
```

但是計算結果並沒有改變，之後我們會說明原因。

更新變數 y 的值。

**3** **更新變數值**
改變 x 的變數值後，必須更新變數 y 的值，才能得到正確的計算結果。請輸入右邊這幾行程式碼，現在我們已經將新的值指定給變數 y。請記住，如果更新程式裡的某個變數值，一定要檢查是否還有其他變數值也要一起更新。

```
>>> x = 10
>>> y = x * 7
>>> print(y)
70
```

# 資料型態——字串（String）

寫程式時，我們會把一串字母或字元組成的資料稱為「字串」，所以單字和句子都能儲存成字串。幾乎所有的程式都有用到字串的時候，舉凡我們能用鍵盤輸入的字元，甚至是那些無法輸入的字元，都能存成字串。

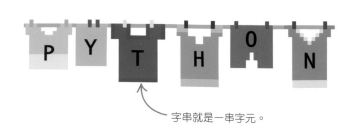

字串就是一串字元。

**1 利用變數儲存字串**

變數也能儲存字串。請在 Shell 視窗裡輸入右邊的程式碼，目的是把字串 'AllyAlien' 指定給變數 name，然後將字串內容顯示在螢幕上。請注意，字串前後一定要加上單引號。

**2 組合字串**

當我們需要將不同的字串組合成新字串時，變數是非常好用的技巧。不僅能把兩個字串組合在一起，還能將組合結果儲存為新變數。請動手試試看吧。

**程式高手秘笈**

## 字串長度

當我們想計算某個字串有幾個字元（包含空白字元），len() 是相當實用的技巧。Python 的內建命令 len() 就是我們寫程式時會用到的函式，本書之後還會陸續使用更多不同的函式。若想知道字串 'WelcometoEarth,Ally Alien' 的字元數，請先產生這個字串，然後輸入以下這行程式碼，再按下『enter / return』鍵，就能知道這個字串的字元數。

```
>>> len(message)
        28
```

函式計算出來的字元數

看到單引號表示變數包含字串。

```
>>> name = 'Ally Alien'
>>> print(name)
Ally Alien
```

按下『enter / return』鍵，字串的內容會顯示在螢幕上。

記得加上單引號。

```
>>> name = 'Ally Alien'
>>> greeting = 'Welcome to Earth, '
>>> message = greeting + name
>>> print(message)
Welcome to Earth, Ally Alien
```

『+』號可以把兩個字串組合在一起。

在螢幕上顯示字串內容時，不會出現單引號。

快帶我去找你們老大 ...

他根本不知道敵人在哪！

# 資料型態──清單（List）

當我們想儲存大量資料，或是資料順序很重要時，就需要用到資料清單。資料清單可以按照順序、同時儲存多個資料值，在 Python 程式裡，清單的每項資料值都有自己的編號，代表各自在清單裡的位置，當然也可以隨時改變清單裡的資料值。

**1** **使用多個變數**

假設我們正在開發一款多人進行的遊戲，需要儲存每個遊戲隊伍裡所有玩家的名字，我們當然可以為每個玩家建立一個變數，就像右邊的程式碼這樣……

> 每個隊伍裡有三位玩家，所以需要建立六個變數。

```
>>> rockets_player_1 = 'Rory'
>>> rockets_player_2 = 'Rav'
>>> rockets_player_3 = 'Rachel'
>>> planets_player_1 = 'Peter'
>>> planets_player_2 = 'Pablo'
>>> planets_player_3 = 'Polly'
```

**2** **使用變數儲存資料清單**

但如果每隊暴增為六位玩家，同時要管理和更新這麼多變數，我們的工作會變得非常困難，在這種情況下，比較好的做法是使用清單。建立清單時，必須將我們要儲存的所有資料值用中括號（[]）圍起來。請在 Shell 視窗裡練習輸入右邊這些清單。

> 清單裡儲存的各個資料值，必須以逗號分開。

```
>>> rockets_players = ['Rory', 'Rav',
'Rachel', 'Renata', 'Ryan', 'Ruby']
>>> planets_players = ['Peter', 'Pablo',
'Polly', 'Penny', 'Paula', 'Patrick']
```

> 以變數 planets_players 儲存清單。

> 從清單裡編號 0 的位置取出第一個資料值。

**3** **從清單裡取出資料值**

資料儲存到清單後，一切都好辦了。想取出清單裡的某個資料值，寫法是先輸入清單的名稱，然後在名稱後加上中括號（[]），最後在中括號裡填入資料值在清單裡的位置編號。請注意：Python 在數清單裡的資料值時，不是從 1 開始算，而是從 0 開始。現在請動手試試看，從隊伍清單裡取出不同玩家的名字，第一個玩家的名字是在清單裡編號 0 的位置，最後一個玩家則是在編號 5 的位置。

```
>>> rockets_players[0]
'Rory'
>>> planets_players[5]
'Patrick'
```

> 從清單裡編號 5 的位置取出最後一個資料值。

> 按下『enter / return』鍵，就會顯示取出的資料值。

# 做決定

我們每天都會問自己各種大大小小的問題，然後根據答案決定下一步要做什麼，例如，「外面正在下雨嗎？」、「我的功課都寫完了嗎？」、「我是一匹馬嗎？」，同樣地，電腦也會問問題，然後決定它下一步要做什麼。

呃…

我是一匹馬嗎？

## 比較性的問題

你真的想這麼做？

電腦會問自己問題，通常是在需要比較兩個東西的時候，例如，電腦會問這個數字有沒有比另一個數字大，有的話，就根據這個答案，決定執行某段程式碼，否則就跳過，不執行這段程式碼。

▷ **布林值（Boolean value）**
對於電腦問的問題，答案只會有兩個值：True（真）或 False（假），Python 稱這兩個值為布林值。使用布林值時，開頭第一個字母一定要大寫，也能使用變數儲存布林值。

變數

```
>>> answer_one = True
>>> answer_two = False
```

布林值

---

**• • •　程式高手秘笈**

## 等號

在 Python 裡，單等號『=』和雙等號『==』都能使用，但兩者的意義不太一樣。單等號『=』用於指定變數值，例如，輸入 **age=10**，表示指定變數 **age** 的數值為 10；雙等號『==』則用於比較兩個數值，請看以下的例子。

設定變數值。

```
>>> age = 10
>>> if age == 10:
        print('You are ten years old.')
```

把你的年齡和變數值相互比較。

如果兩者相等，就顯示這段訊息。

▽ **邏輯運算子**
以下這些符號是告訴電腦進行比較，程式設計師稱這些符號為邏輯運算子，你可能在上數學課時用過其中一些符號。其他像英文單字「and」（且）和「or」（或）也能用在程式碼裡，作為邏輯運算子。

| 邏輯運算子 | 意義 |
| --- | --- |
| == | 等於 |
| != | 不等於 |
| < | 小於 |
| > | 大於 |

我比你「大」！

# 鳳梨和斑馬

現在讓我們在 Shell 視窗下測試一個範例。請在視窗裡輸入以下這兩行程式碼，分別產生變數 **pineapples** 和 **zebras**，表示有五個鳳梨和兩隻斑馬。

```
>>> pineapples = 5
>>> zebras = 2
```

這個變數負責儲存鳳梨的個數。

這個變數負責儲存斑馬的隻數。

## ▽ ▷ 進行比較

接著，請輸入以下這幾行程式碼，比較前面兩個變數的值。每次輸入完一行程式碼，請按下『enter / return』鍵，Python 就會告訴我們，這行比較式的結果是 True（真）還是 False（假）。

```
>>> zebras < pineapples
True
```

斑馬的隻數小於鳳梨的個數。

鳳梨的個數大於斑馬的隻數。

鳳梨的個數和斑馬的隻數不相等。

```
>>> pineapples > zebras
True
```

```
>>> pineapples == zebras
False
```

---

**••• 知識補給站**

## 布林運算式（Boolean expression）

如果程式碼的陳述式跟變數、數值有關，而且用到邏輯運算子，則運算結果一定會是布林值，例如，True（真）或 False（假）。因此，我們稱這類的陳述式為布林運算式，此處所有用到變數 pineapples 和 zebras 的陳述式都是布林運算式。

變數　　　　邏輯運算子

```
>>> pineapples != zebras
True
```

布林值　　　　　變數

## ▽ 組合多個比較式

在 Python 裡，我們還可以利用 **and** 和 **or** 組合多個比較式。使用 **and** 時，必須兩個比較式的結果都正確，陳述式的結果才能為 True（真）；如果使用 **or**，只需要其中一個比較式的結果正確。

```
>>> (pineapples == 3) and (zebras == 2)
False
```

在這行陳述式裡，只要 (pineapples == 3) 這個部分是錯的，結果就是 False（假）。

```
>>> (pineapples == 3) or (zebras == 2)
True
```

在這行陳述式裡，只要 (zebras == 2) 這個部分是正確的，結果就是 True（真）。

## 搭乘雲霄飛車

遊樂園裡的設施說明上寫著，必須滿八歲而且身高 140 公分以上的人才能搭乘雲霄飛車。Mia 現在十歲、身高 150 公分，我們要在 Shell 視窗裡寫程式，檢查她是否可以搭乘雲霄飛車。請輸入以下這幾行程式碼，目的是產生兩個變數儲存 Mia 的年齡和身高，並且將正確的值指定給這兩個變數，然後將搭乘雲霄飛車的規則寫成布林運算式，最後，當然還是記得要按下『enter / return』鍵。

你太矮了，不能搭乘雲霄飛車！

可是我已經一百歲了！

這兩行程式碼是將數值指定給變數。

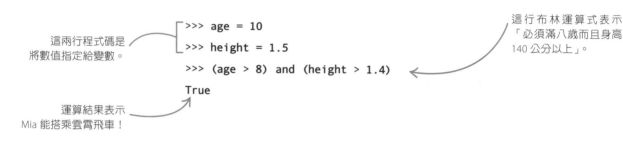

```
>>> age = 10
>>> height = 1.5
>>> (age > 8) and (height > 1.4)
True
```

這行布林運算式表示「必須滿八歲而且身高 140 公分以上」。

運算結果表示 Mia 能搭乘雲霄飛車！

## 分支（Branching）

電腦經常需要決定要執行哪一部分的程式碼，這是因為大部分程式在設計時，會根據不同的情況做不同的事。從程式裡分裂出來的路線，就像一條路分支成兩條岔路，每一條都通往不同的地方。

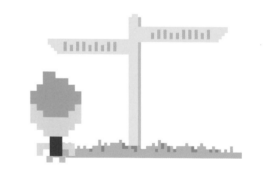

### 知識補給站
### 條件式（Condition）

條件式也是布林運算式（確認情況為真或假），當電腦在程式碼裡遇到分岔路時，條件式能幫助電腦決定要走哪一條路。

▷ **往學校還是公園？**

想像一下，每天我們都會問自己「今天是平常日嗎？」然後根據問題的答案來決定要走哪一條路。如果今天是平常日，就走往學校的路線；如果不是，則會走往公園的路線。在 Python 下，從程式裡分支出去的不同路線會導向不同區塊的程式碼。每個區塊的程式碼可能只有一行，也可能有好幾行，每一行程式碼的開頭都要縮排，也就是按四個空白鍵。電腦會利用稱為「條件式」的測試方法，指出下一步要執行哪一個區塊的程式碼。

## ▷ 一個分支

程式裡最簡單的分支命令是 **if** 陳述式，只有一個分支，符合條件時，電腦才會執行這個分支下的程式碼。右邊的範例程式問使用者「外面是不是天黑了？」如果是，電腦會假裝它要睡了！如果條件式『**is_dark=='y'**』的結果為 False，也就是外面沒有天黑，電腦就不會顯示「Goodnight!」（晚安）這段訊息。

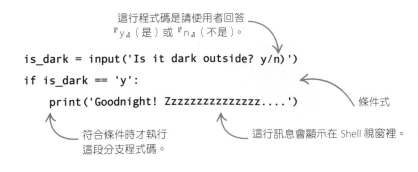

這行程式碼是請使用者回答『y』（是）或『n』（不是）。

```
is_dark = input('Is it dark outside? y/n)')
if is_dark == 'y':
    print('Goodnight! Zzzzzzzzzzzzzzz....')
```

條件式

符合條件時才執行這段分支程式碼。

這行訊息會顯示在 Shell 視窗裡。

## ▷ 兩個分支

如果我們希望程式遇到情況為 True（真）和 False（假）時，分別做不同的事，就需要一個有兩個分支的命令，我們稱為 **if-else** 陳述式。右邊的範例程式問使用者是不是有觸手，如果使用者回答「是」，程式會認為使用者一定是章魚（octopus）！如果使用者回答「不是」，程式就認為使用者是人類（human）。程式會根據使用者的決定顯示不同的訊息。

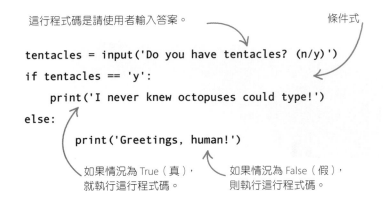

這行程式碼是請使用者輸入答案。

條件式

```
tentacles = input('Do you have tentacles? (n/y)')
if tentacles == 'y':
    print('I never knew octopuses could type!')
else:
    print('Greetings, human!')
```

如果情況為 True（真），就執行這行程式碼。

如果情況為 False（假），則執行這行程式碼。

## ▷ 多個分支

如果可能發生的情況不只兩個，就要派 **elif** 陳述式（「else-if」的縮寫）上場。右邊的程式請使用者輸入今天的天氣預報：「rain」（下雨）、「snow」（下雪）或「sun」（晴天），然後根據使用者輸入的答案，從三個分支的天氣條件裡，選擇其中一個執行程式碼。

```
weather = input ('What is the forecast for today? (rain/snow/sun)')
if weather == 'rain':
    print('Remember your umbrella!')
elif weather == 'snow':
    print('Remember your woolly gloves!')
else:
    print('Remember your sunglasses!')
```

第一個條件式

如果第一個條件式的結果為 True（真），就執行這行程式碼。

第二個條件式

如果第二個條件式的結果為 True（真），就執行這行程式碼。

如果兩個條件式的結果都是 False（假），則執行這行程式碼。

### △ 程式技巧

**elif** 陳述式一定會出現在 **if** 陳述式後面和 **else** 陳述式前面。在上面的範例程式中，只有當 **if** 陳述式的結果是 False（假），程式才會用 **elif** 來檢查輸入的天氣是不是「snow」（下雪）。還可以加入更多的 **elif** 陳述式，檢查更多種類的天氣。

# 重複執行的迴圈（Loop）

電腦非常擅長做枯燥乏味的工作，而且完全不會抱怨，但程式設計師會，可是他們擅長利用電腦幫他們做重複的工作，只要使用迴圈這項技巧就能辦到。迴圈的功能是重複執行同一段程式碼，接下來我們會介紹幾種不同類型的迴圈。

## 『For』迴圈

當我們知道同一段程式碼要執行幾次時，可以選擇用『**For**』迴圈。在下面這個範例裡，Emma 寫的程式是在房門的牌子上，印十次「Emma 房間——請勿進入！！！」請在 Shell 視窗裡練習試寫 Emma 的程式碼。輸入第一行程式碼後，請記得按『enter／return』鍵；輸入第二行程式碼時要記得按『backspace』鍵刪除縮排的空格，當然，輸入完畢後別忘了再按一次『enter／return』鍵。

迴圈變數。　　　這個迴圈會執行十次。

```
>>> for counter in range(1, 11):
        print('Emma\'s Room - Keep Out!!!')
```

程式碼前面要以　　　這一行重複執行的程式碼，
四個空格縮排。　　　就是迴圈本體。

### ▽ 迴圈變數

迴圈變數的目的是幫助我們追蹤到目前為止已經執行了幾次迴圈。**range(1, 11)** 會產生一份整數清單，執行第一次迴圈時，變數是清單裡的第一個數字，執行第二次迴圈時，變數就變成清單裡的第二個數字，以此類推。當清單裡所有的數字都用完後，程式就會停止執行迴圈。

執行第一次迴圈　　　執行第二次迴圈　　　執行第三次迴圈

迴圈變數為 1　　　迴圈變數為 2　　　迴圈變數為 3

### 程式高手秘笈

## 範圍（Range）

在 Python 程 式 碼 裡，內 建 命 令『range』後面的括號裡必須填入兩個參數，表示範圍包含「從第一個數字開始，到第二個數字減 1 為止的所有數字」。所以，**range(1, 4)** 是指數字 1、2 和 3，但不包含 4。在 Emma 寫的「請勿進入」程式裡，**range(1, 11)** 是指數字 1、2、3、4、5、6、7、8、9 和 10。

## 程式高手秘笈

# 跳脫字元（**Escape character**）

程式碼 **Emma\'sRoom** 裡的反斜線（\）是告訴 Python 程式忽略下一個字元——撇號（'），不要把它當成包覆整個字串的單引號之一。我們稱這裡用到的反斜線（\）為跳脫字元，目的是告訴 Python 執行程式時，不論這一行程式碼是合理還是有錯，都不要處理下一個字元。

我脫逃了！

我看到迴圈的未來了，它會一直不斷循環！

# 『**while**』迴圈

但如果在某些情況下，我們不知道同一段程式碼要執行幾次，該怎麼辦？這時候難道我們要靠水晶球還是其他方法來預知未來嗎？不，我們還可以用『**while**』迴圈。

## ▷ 迴圈條件

**while** 迴圈沒有迴圈變數來幫助它設定執行次數的範圍，取而代之的是迴圈條件，這是一個布林運算式，結果不是 True（真）就是 False（假），有點像舞廳門口的保鑣，工作就是負責問你有沒有門票。如果身上有票（True），就可以直衝舞池；但如果沒有（False），保鑣就不會放你進去。在程式設計領域裡，如果不符合迴圈條件（True），程式就不會執行迴圈！

今天是舞會之夜！

你的迴圈條件不是 True（真），所以不能進來！

？！？

## ▽ 平衡遊戲

在下面的範例裡，Ahmed 寫的程式目的是追蹤多少隻雜耍河馬互相往上疊，才能堆出一個平衡塔。請看看下面的程式碼，你是否能找出這個程式的運作原理呢？

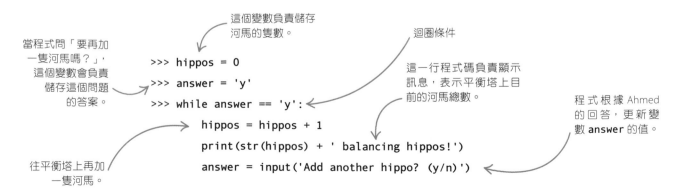

這個變數負責儲存河馬的隻數。

迴圈條件

當程式問「要再加一隻河馬嗎？」，這個變數會負責儲存這個問題的答案。

這一行程式碼負責顯示訊息，表示平衡塔上目前的河馬總數。

程式根據 Ahmed 的回答，更新變數 **answer** 的值。

往平衡塔上再加一隻河馬。

```
>>> hippos = 0
>>> answer = 'y'
>>> while answer == 'y':
        hippos = hippos + 1
        print(str(hippos) + ' balancing hippos!')
        answer = input('Add another hippo? (y/n)')
```

▷ 程式技巧

在 Ahmed 的程式裡，`answer=='y'` 就是迴圈條件，表示使用者想多加一隻河馬。迴圈本體的程式會將平衡塔上的河馬隻數加 1，然後問使用者「要再加一隻河馬嗎？」如果使用者輸入的答案是『y』（要），表示迴圈條件是 True（真），程式會再執行一次迴圈；如果使用者輸入的答案是『n』（不要），迴圈條件就是 False（假），程式會離開迴圈本體，不再執行。

嗯...或許我該再多加一隻河馬？

！！！

# 『無窮』迴圈

有時候我們會希望只要程式還在運作，就持續不斷地執行『`while`』迴圈，我們稱這種迴圈為『無窮』迴圈。大部分的遊戲程式都會利用無窮迴圈作為遊戲的主迴圈。

因為迴圈條件沒有機會變成 False（假），所以無法離開迴圈。

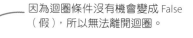

```
>>> while True:
        print('This is an infinite loop!')
```

△ 陷入無窮迴圈

當迴圈條件設定為常數值：True（真），就會設計出無窮迴圈。因為這個常數值永遠不會改變，程式當然沒有機會離開迴圈。請在 Shell 視窗裡試著寫寫看上面這個『`while`』迴圈，由於這個迴圈條件沒有機會變成 False（假），只能不停地在螢幕上印出『This is an infinite loop!』（這是一個無窮迴圈！），直到程式停止為止。

▽ 脫離無窮迴圈

你可以故意拿下面這個無窮迴圈，請使用者輸入他們的答案。這個（煩人的）程式會問使用者是不是覺得厭煩？只要使用者一直輸入『n』，程式就會持續問這個問題，直到使用者覺得受夠了，終於輸入『y』，程式才會說使用者很無禮，然後執行 **break** 命令，離開迴圈！

當迴圈條件是 True（真），表示使用者還沒感到厭煩（使用者回答 'n'）。

```
>>> while True:
        answer = input('Are you bored yet? (y/n)')
        if answer == 'y':
            print('How rude!')
            break
```

迴圈條件變成 False（假）就會觸發 **break** 命令（使用者回答 'y'）

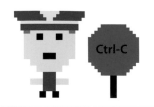

### 程式高手秘笈

## 停止迴圈

如果你不想設計出無窮迴圈，重點是確定『`while`』迴圈本體有方法能讓迴圈條件變成 False（假）。但如果不小心寫出無窮迴圈，別擔心，還是有方法能中斷迴圈，請同時按下鍵盤上的『Ctrl / control』鍵和『C』鍵，可能需要多按幾次『Ctrl-C』才能停止迴圈。

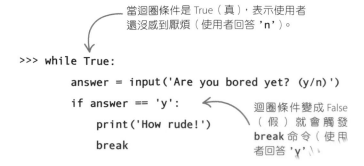

Ctrl-C

# 迴圈中的迴圈

迴圈本體裡還可以寫另一個迴圈嗎？當然可以！我們稱這種結構為巢狀迴圈（nested loop）。就像俄羅斯娃娃，每個娃娃都剛好套在比自己大一點的娃娃裡，巢狀迴圈也是，外層的迴圈中會執行另一個內層迴圈。

我喜歡俄羅斯娃娃，但是他們總是以自我為中心！

▷ **外迴圈裡的內迴圈**
Emma 把之前的「請勿進入」程式改寫成右邊的範例「三次歡呼」，讓程式重複顯示三次『Hip, Hip, Hooray!』（嘿，嘿，萬歲！）。由於每次歡呼都會重複兩次「Hip」，Emma 利用巢狀迴圈幫她重複顯示訊息。

## 程式高手秘笈
### 迴圈本體的縮排規則

迴圈本體的每一行程式碼前面一定要縮排，也就是先敲四個空格再開始寫程式碼，如果沒有縮排，Python 會顯示錯誤訊息，表示無法執行程式碼。使用巢狀迴圈時，迴圈內部的另一個迴圈本體必須再多縮排四個空格。雖然在 Python 迴圈裡，每新增一行程式碼都會自動縮排，不過，最好還是記得檢查迴圈裡每一行程式碼前面的縮排空格數是否正確。

SyntaxError（語法錯誤）

❌ unexpected indent（程式碼沒有縮排）

OK

hooray_counter 是外迴圈的迴圈變數。

```
>>> for hooray_counter in range(1, 4):
        for hip_counter in range(1, 3):
            print('Hip')
        print('Hooray!')
```

外迴圈本體裡的每行程式碼都要縮排四個空格。

hip_counter 是內迴圈的迴圈變數

內迴圈本體裡的程式碼要再多縮排四個空格。

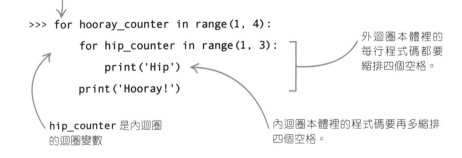

hooray_counter = 1

Hip
Hip
Hooray!

hip_counter = 1
hip_counter = 2

hooray_counter = 2

Hip
Hip
Hooray!

hip_counter = 1
hip_counter = 2

hooray_counter = 3

Hip
Hip
Hooray!

hip_counter = 1
hip_counter = 2

◁ **程式技巧**
從上面的範例程式中可以看到，內層的『For』迴圈整個包覆在外層的『For』迴圈裡。因此，每執行一次外層迴圈，就必須執行兩次內層迴圈，也就是說外層迴圈本體執行三次，但內層迴圈本體總共會執行六次。

# 動物益智問答

你喜歡益智問答遊戲嗎？想自己動手開發嗎？這個程式範例會帶你建立一個動物益智問答的遊戲。雖然範例中所舉的問題都跟動物有關，不過很容易就能修改並且輕鬆套用在任何主題上。

我還以為我是世界上最大的動物。

## 範例說明

這個範例程式會問玩家一些跟動物有關的問題。每一題只有三次答題機會，所以不要出太難的問題！玩家每答對一題就能得到一分，問答遊戲結束後，程式會顯示玩家最後得到的總分。

這就是遊戲整體的外觀，遊戲過程會在 Shell 視窗下進行。

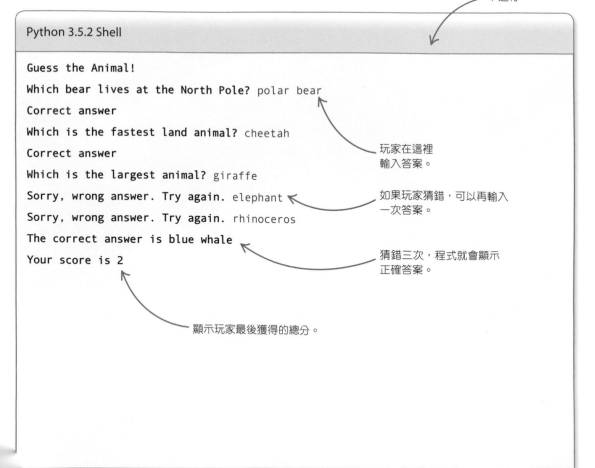

Python 3.5.2 Shell

```
Guess the Animal!
Which bear lives at the North Pole? polar bear
Correct answer
Which is the fastest land animal? cheetah
Correct answer
Which is the largest animal? giraffe
Sorry, wrong answer. Try again. elephant
Sorry, wrong answer. Try again. rhinoceros
The correct answer is blue whale
Your score is 2
```

玩家在這裡輸入答案。

如果玩家猜錯，可以再輸入一次答案。

猜錯三次，程式就會顯示正確答案。

顯示玩家最後獲得的總分。

# 程式技巧

這個範例使用的程式技巧是「函式」（function）。函式是一段程式碼，有自己專屬的函式名稱，負責完成某個特定工作。當我們想重複使用同一段程式碼，有了函式就不需要每次都重新輸入。雖然 Python 有大量的內建函式，我們還是能設計自己需要的函式。

## ▷ 呼叫函式

當我們想使用某個函式，只要在程式碼裡輸入函式名稱，就能「呼叫」（call）它出來幫忙。在「動物益智問答」裡，為了知道玩家的答案是否正確，我們設計一個函式，負責比較玩家回答的內容和真正的答案。問答進行過程中，玩家每次回答問題，程式都會呼叫這個函式。

### •••  知識補給站

## 在這個情況下可以忽略大小寫！

比較玩家猜測的內容和正確答案時，可以不用管玩家輸入的字母是大寫還是小寫，重要的是文字的內容都一樣，然而，不是所有程式都能這麼做。例如，如果某個程式檢查密碼時忽略大小寫，就可能會讓密碼更容易被猜出來，因而降低安全性。但是，在「動物益智問答」裡，不論玩家輸入的答案是「bear」還是「Bear」，對我們來說，都是正確答案。

## ▽ 程式流程圖

遊戲結束前，程式會一直不斷檢查還有沒有問題沒回答到以及玩家是否已經用掉了所有的答題機會。遊戲進行過程中，程式會以變數儲存玩家獲得的分數。當玩家回答完所有的問題，遊戲就會結束。

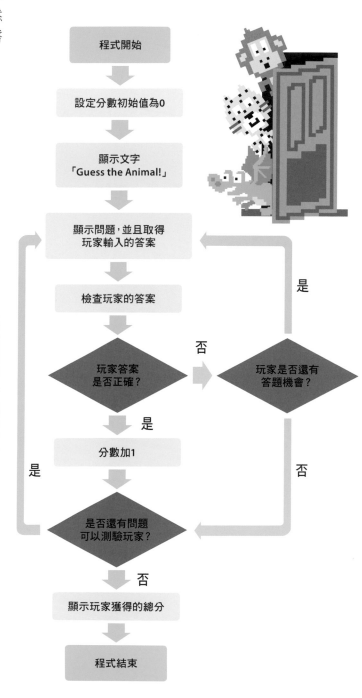

# 組合所有步驟

現在該開始動手完成這個益智問答的程式了！第一步當然是建立益智問答的題目和檢查答案的機制，然後加入程式碼，讓玩家在回答每一題時都有三次答題機會。

我希望我不是毒蛇——我只是咬到舌頭而已！

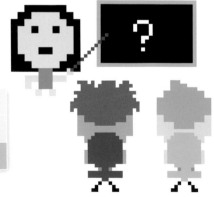

**1 建立新檔**

開啟 IDLE 工具。點擊工具列上的『File』（檔案），選擇『New File』（新增檔案），將檔案名稱儲存為『animal_quiz.py』。

> File（檔案）
> Save（儲存檔案）
> Save As（另存新檔）

**2 產生變數 score**

輸入右邊的程式碼，產生變數 **score**，並且設定變數初始值為 0。

```
score = 0
```

我們會用這個變數來追蹤、記錄玩家的分數。

Shell 視窗裡會出現這段訊息。

**3 介紹遊戲玩法**

接著建立文字訊息，向玩家介紹遊戲玩法，這是玩家在螢幕上看到的第一個訊息。

```
score = 0
print('Guess the Animal!')
```

**4 執行程式碼**

現在請執行程式碼。點擊工具列的『Run』（執行），選擇『Run Module』（執行程式），看看接下來會發生什麼事？應該會在 Shell 視窗裡看到一行歡迎玩家的訊息。

> Run（執行）
> Python Shell（開啟Shell視窗）
> Check Module（檢查語法錯誤）
> Run Module（執行程式）

**5 問玩家問題，讓玩家輸入答案**

右邊這行粗體字程式碼是問玩家問題，並且等他們輸入答案，玩家輸入的答案會存在變數 **guess1** 裡。請執行程式碼，確定螢幕上會出現題目。

```
print('Guess the Animal!')
guess1 = input('Which bear lives at the North Pole? ')
```

變數 **guess1** 儲存玩家輸入的任何內容。

**6** **建立檢查函式**
接下來的工作就是檢查玩家是不是猜對了。請移動到程式碼的第一行，也就是在程式碼 **score=0** 上面輸入右邊這幾行粗體字程式碼，建立函式 **check_guess()**，目的是檢查玩家猜的答案是否正確。函式括號裡有兩個英文單字，這是函式運作時需要的資訊，我們稱為「參數」（parameter），呼叫（執行）函式時需要指定（給）參數值。

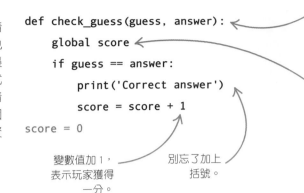

第一行程式碼是為函式命名，並且指定會用到的參數。

這一行程式碼是把變數 **score** 設定成全域變數，當變數有任何變化時，對整個程式都有效。

```
def check_guess(guess, answer):
    global score
    if guess == answer:
        print('Correct answer')
        score = score + 1
score = 0
```

變數值加 1，表示玩家獲得一分。

別忘了加上括號。

**7** **呼叫函式**
現在我們要在整個程式碼的最後一行下面，加上右邊這一行粗體字程式碼，目的是呼叫（執行）函式 **check_guess()**，並且告訴函式拿玩家猜的答案作為第一個參數值，正確答案『polar bear』則是第二個參數值。

```
guess1 = input('Which bear lives at the North Pole? ')
check_guess(guess1, 'polar bear')
```

正確答案

**8** **測試程式碼**
請再執行一次程式碼，根據程式指示輸入正確答案，Shell 視窗應該會出現右邊這樣的結果。

```
Guess the Animal!
Which bear lives at the North Pole? polar bear
Correct answer
```

**9** **多加一點題目**
設計益智問答遊戲當然不能只有一個題目！請依照前面這些相同的步驟，在程式裡多加兩個題目，把玩家輸入的答案分別儲存到變數 **guess2** 和 **guess3**。

讓我多加一點。

```
score = 0
print('Guess the Animal!')
guess1 = input('Which bear lives at the North Pole? ')
check_guess(guess1, 'polar bear')
guess2 = input('Which is the fastest land animal? ')
check_guess(guess2, 'cheetah')
guess3 = input('Which is the largest animal? ')
check_guess(guess3, 'blue whale')
```

第一題

告訴程式檢查玩家輸入的答案 **guess1**。

告訴程式檢查玩家輸入的答案 **guess3**。

**10** 顯示分數

當問答遊戲結束時,下面這一行粗體字的程式碼會以文字訊息顯示玩家獲得的總分。把這一行加在整個檔案的最後一行,也就是最後一個問題的程式碼下面。

```
guess3 = input('Which is the largest animal? ')
check_guess(guess3, 'blue whale')

print('Your score is ' + str(score))
```

產生文字訊息,在螢幕上顯示玩家的總分。

△ 程式技巧

這一步必須利用函式 **str()**,將數字轉換成字串,這是因為在 Python 裡,如果直接將字串和整數放在一起,程式會出現錯誤。

**11** 忽略大小寫

如果玩家把「Lion」輸入成「lion」,會發生什麼事?還是能獲得一分嗎?不行,目前的程式碼會告訴玩家:答案錯了!為了修正這個情況,我們需要讓程式碼變得聰明一點。Python 的內建函式 **lower()** 能把單字裡所有的字母轉成小寫, 請 把 原 本 程 式 碼 裡 的 **ifguess==answer:** 換成右邊這一行粗體字程式碼。

```
def check_guess(guess, answer):
    global score
    if guess.lower() == answer.lower():
        print('Correct answer')
        score = score + 1
```

修改這一行程式碼。

△ 程式技巧

程式檢查正確答案之前,會先把玩家猜的內容和真正的答案全都轉換成小寫。如此一來,不論玩家輸入的內容是用大寫、小寫還是兩者混用,程式都一定能運作。

**12** 再次測試程式碼

第三次執行程式碼。這次在輸入正確答案時,請試著混用大、小寫字母,看看會發生什麼結果?

```
Guess the animal!
Which bear lives at the North Pole? polar bear
Correct answer
Which is the fastest land animal? Cheetah
Correct answer
Which is the largest animal? BLUE WHALE
Correct answer
Your score is 3
```

程式這次在判定答案是否正確時,忽略了大、小寫。

**13** **給玩家更多機會**

在目前的程式裡，玩家只有一次答題機會，想讓遊戲更輕鬆一點，可以改成給玩家三次答題機會。請參考以下的粗體字程式碼修改函式 `check_guess()`。

別忘了儲存你的工作成果。

這個變數只有兩種變數值：True（真）或 False（假）。

```python
def check_guess(guess, answer):
    global score
    still_guessing = True
    attempt = 0
    while still_guessing and attempt < 3:
        if guess.lower() == answer.lower():
            print('Correct answer')
            score = score + 1
            still_guessing = False
        else:
            if attempt < 2:
                guess = input('Sorry wrong answer. Try again. ')
            attempt = attempt + 1

    if attempt == 3:
        print('The correct answer is ' + answer)

score = 0
```

跳出 **while** 迴圈的條件是已經檢查過三次答案，或是玩家猜到正確答案，只要符合其中一項條件，就不再執行迴圈。

請確定每一行程式碼的縮排都正確。

如果玩家答錯，程式會執行變數 **else** 底下的程式碼，請玩家再輸入一次答案。

玩家用掉的答題次數加 1。

玩家猜錯三次後，這行程式碼負責顯示正確答案。

△ **程式技巧**

為了知道玩家是不是已經猜到正確答案，我們需要產生一個變數 **still_ guessing**，並且先設定變數值為 True（真），表示玩家還沒猜到正確答案；當玩家猜到正確答案時，就將變數值設定為 False（假）。

「最大的動物是誰？」我不知道。給我三次機會猜猜看！

# 進階變化的技巧

現在我們要加入更多題目、提高問題的難度、改變題目的類型或甚至是改變益智問答的主題，讓遊戲更富有變化性！你可以試著利用其中一項技巧，或是一口氣全都用上，但請記得要儲存成另外一個新的 Python 檔案，才不會跟原本的範例程式搞混。

◁ **加入更多題目**

讓益智遊戲富有變化的技巧之一是加入更多題目。例如，「哪一種動物有長長的鼻子？」（大象）、「哪一種哺乳類動物會飛？」（蝙蝠），或是有點難度的題目「一隻章魚有幾個心臟？」（三個）。

反斜線（\）字元能將一行過長的程式碼分成兩行。

```
guess = input('Which one of these is a fish? \
A) Whale B) Dolphin C) Shark D) Squid. Type A, B, C, or D ')
check_guess(guess, 'C')
```

◁ **多選題**

左邊這個範例程式說明如何建立多選題，這種類型的題目是讓玩家從好幾個可能的選項裡選擇正確的答案。

---

**▪▪▪ 新手必學技巧**

## 換行符號（\n）

使用換行符號能在我們想要的地方產生一行新文字。如果想讓多選題的題目和答案選項分別顯示在不同行，那麼以多選題作為範例，更容易了解換行符號的作用。請輸入右邊的程式碼，程式會像清單一樣的方式顯示題目和答案選項。

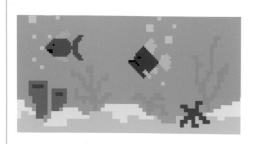

```
guess = input('Which one of these is a fish?\n \
A) Whale\n B) Dolphin\n C) Shark\n D) Squid\n \
Type A, B, C, or D ')
check_guess(guess, 'C')
```

```
Which one of these is a fish?
 A) Whale
 B) Dolphin
 C) Shark
 D) Squid
Type A, B, C, or D
```

多選題會以這樣的方式呈現在 Shell 視窗裡。

```
while still_guessing and attempt < 3:
    if guess.lower() == answer.lower():
        print('Correct Answer')
        score = score + 3 - attempt
        still_guessing = False
    else:
        if attempt < 2:
```

以這行取代
原本的程式碼
『score + 1』。

◁ **答錯的次數越少，分數越高**

如果想獎勵玩家答對更多題目，同時錯的次數越少，可以設計不同的得分。當玩家一次就答對時，給三分；用了兩次機會才答對，給兩分；三次機會全用光了才答對，就只給一分。我們將原本更新玩家得分的程式碼改成像右邊的範例程式，計算玩家得分的方式變成三分減掉答錯的次數。所以，如果玩家一次就答對，會多獲得（3 – 0 = 3）分；用了兩次機會才答對，會多獲得（3 – 1 = 2）分；三次機會全用光了才答對，就獲得（3 – 2 = 1）分。

▷ **是非題**

右邊的程式碼説明如何產生是非題，每一題只有兩種可能的答案。

```
guess = input('Mice are mammals. True or False? ')
check_guess(guess, 'True')
```

▷ **提升遊戲難度**

想提升益智遊戲的難度，可以減少允許玩家答錯的機會。如果你是設計是非題型的遊戲，每一題只能讓玩家有一次答題機會；如果你設計的遊戲是多選題，每一題或許不能讓玩家猜兩次以上。請看看右邊的程式碼，想想在是非題或多選題的情況下，要怎麼改變粗體字部分的數字？

```
def check_guess(guess, answer):
    global score
    still_guessing = True
    attempt = 0
    while still_guessing and attempt < 3:
        if guess.lower() == answer.lower():
            print('Correct Answer')
            score = score + 1
            still_guessing = False
        else:
            if attempt < 2:
                guess = input('Sorry wrong answer.Try again. ')
            attempt = attempt + 1
    if attempt == 3:
        print('The correct answer is ' + answer)
```

修改這個數字看看。

修改這個數字看看。

修改這個數字看看。

這不如我想像的
那麼容易 ...

▷ **選擇其他主題**

你還可以找其他不同的主題來設計益智問答的題目，例如，一般常識、運動、電影或音樂，甚至可以設計跟家人、朋友有關的題目，問一些比較逗趣的問題，像是「誰的笑聲最吵？」

# 函式（Function）

程式設計師喜歡找一些便捷的方法來幫助他們簡化寫程式的工作，其中最常見的做法就是為執行特別用途的一段程式碼指定專屬名稱，之後每次需要這段程式碼時，就不用再全部重新輸入，只要輸入指定的名稱即可，這些經過命名的程式碼區塊就稱為函式。

## 函式的使用方法

使用函式也稱為「呼叫」函式。呼叫函式時，只要輸入函式名稱，在名稱後方加上一組括號，括號裡填入函式運作時需要的參數即可。參數有點像專屬於函式的變數，讓我們能在程式的各個部分之間傳遞資料。如果函式運作時不需要任何變數，函式名稱後只要加上空括號，不需填入任何參數值。

---

**知識補給站**

### 和函式有關的特定名詞

寫程式的人講到函式時，經常會提到以下這幾個特定名詞。

**呼叫（Call）**：使用函式

**定義（Define）**：當我們使用 Python 內建的關鍵字 **def**，並且為一個函式寫一段程式碼，寫程式的人通常會說這是「定義」函式。我們剛開始設定變數值時，其實也是在定義變數。

**參數（Parameter）**：這是函式需要使用的資料（資訊）。

**回傳值（Return value）**：從函式傳回給主程式的資料，取得回傳值時會用到 Python 內建的關鍵字 **return**。

---

## 內建函式

Python 提供大量的內建函式，方便我們寫程式時使用。這些函式非常實用，從輸入資訊、在螢幕上顯示訊息，到不同資料型態之間的轉換，函式能幫助我們完成各式各樣的工作。其實在我們介紹過的範例程式裡，你已經用過一些 Python 的內建函式，例如，**print()** 和 **input()**。看看右邊的範例程式，何不試著在 Shell 視窗裡練習看看？

請使用者輸入自己的名字。

```
>>> name = input('What is your name?')
What is your name? Sara
>>> greeting = 'Hello' + name
>>> print(greeting)
Hello Sara
```

在螢幕上顯示變數 **greeting** 的內容。

△ **函式 input() 和 print()**
這兩個函式的功能恰好相反。函式 input() 負責輸入資訊，讓使用者輸入一些內容，提供指示或資料給程式；函式 print() 則負責輸出資訊，將訊息或程式運作的結果顯示在螢幕上，提供輸出的結果給使用者。

## ▽ 函式 max()

函式 **max()** 的功能是從給定的參數值裡，選擇其中的最大值。按下『enter／return』鍵後，就能在螢幕上看到函式運算的結果。給定多個參數時，每個參數間必須以逗號分開。

```
>>> max(10, 16, 30, 21, 25, 28)
30
```

括號裡最大的數字就是最大值。

多個參數之間一定要以逗號分開。

## ▽ 函式 min()

函式 **min()** 的功能恰好和 **max()** 相反，是從函式名稱後的括號裡，選擇參數值中的最小值。請實驗看看函式 **max()** 和 **min()** 的功能。

```
>>> min(10, 16, 30, 21, 25, 28)
10
```

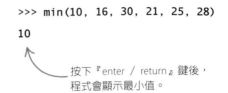

按下『enter／return』鍵後，程式會顯示最小值。

---

# 另一種呼叫函式的方法

到目前為止，我們用過的幾種資料型態，例如，整數、字串和資料清單，它們也都有自己的函式，使用這些函數時，必須以另外一種特別的方式呼叫。使用時，先輸入該資料或是儲存該資料的變數名稱，接著加上一個『點』(.)，然後輸入變數名稱，最後再加上括號。請在 Shell 視窗裡試試看這裡舉的幾個範例程式。

我只是很愛我的殼！

**英文小教室**

本書幽默地將「shell」設計成雙關語：Shell 視窗／動物身上的殼。

這個函式需要兩個參數。

```
>>> message = 'Python makes me happy'
>>> message.replace('happy', ':D')
'Python makes me :D'
```

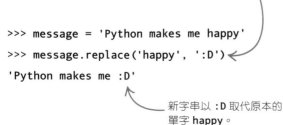

新字串以 **:D** 取代原本的單字 **happy**。

## △ 函式 replace()

這個函式需要兩個參數：第一個參數值是要被換掉的舊字串，第二個參數值則是要取代舊字串的新字串。這個函式的回傳值是一個經過替換處理的新字串。

別忘記加上一個『點』(.)。

空括號表示函式運作時不需要參數。

```
>>> 'bang'.upper()
'BANG'
```

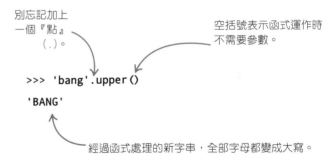

經過函式處理的新字串，全部字母都變成大寫。

## △ 函式 upper()

函式 **upper()** 的功能是將傳入函式的字串裡，全部的小寫字母轉換成大寫，然後回傳一個全部都是大寫字母的新字串。

變數裡儲存了一串數字。

```
>>> countdown = [1, 2, 3]
>>> countdown.reverse()
>>> print(countdown)
[3, 2, 1]
```

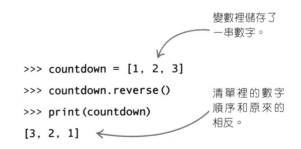

清單裡的數字順序和原來的相反。

## △ 函式 reverse()

利用這個函式可以讓清單裡的資料順序變成和原本的順序相反。上面的範例是將變數 **countdown** 裡儲存數字的順序反過來，原本的數字清單是顯示成 **[1,2,3]**，經過函式處理後，會變成 **[3,2,1]**。

# 建立函式

一個好的函式不僅要有清楚的目的，還要有一個好名字，讓人一眼就能看出這個函式的功能，回想一下我們在範例「動物益智問答」裡用過的函式 **check_guess()** 正是如此。請跟著以下這些指示，學習建立或者說是「定義」一個函式，這個範例函式的功能是計算一天有幾秒，然後將答案顯示在螢幕上。

關鍵字 **def** 負責告訴 Python 這段程式碼是函式。

函式名稱下的程式碼都必須縮排四個空格，Python 才知道這幾行程式碼是函式本體。

呼叫函式。

### 程式高手秘笈
## 重要建議

在主程式裡使用函式之前，很重要的一點是先定義函式。在 Python 環境下學習程式設計時，有個實用的技巧，就是在程式碼裡輸入完 import（匯入）敘述後，緊接著就定義函式，如此一來，就能盡量避免在還沒定義函式之前，發生呼叫函式的錯誤。

## 1 定義函式

開啟 IDLE 工具，建立一個新檔案並且儲存為『functions.py』。請在編輯視窗裡輸入以下這幾行程式碼，函式本體的每一行程式碼一定要縮排，完成之後，記得要儲存檔案，然後執行程式碼，看看會產生什麼結果。

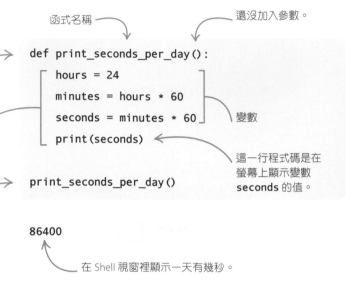

函式名稱

還沒加入參數。

```python
def print_seconds_per_day():
    hours = 24
    minutes = hours * 60
    seconds = minutes * 60
    print(seconds)


print_seconds_per_day()
```

變數

這一行程式碼是在螢幕上顯示變數 **seconds** 的值。

86400

在 Shell 視窗裡顯示一天有幾秒。

## 2 增加參數

如果想指定任何數值給函式使用，就要把這些值填入括號裡，作為函式的參數。例如，假設我們想知道特定天數共有幾秒，請參考以下的粗體字程式碼，修改我們之前寫好的程式碼。現在我們的函式已經加入參數 **days**，呼叫函式時能指定天數了，請試著練習看看。

```python
def print_seconds_per_day(days):
    hours = days * 24
    minutes = hours * 60
    seconds = minutes * 60
    print(seconds)


print_seconds_per_day(7)
```

函式使用的參數。

使用參數 **days** 進行計算。

指定參數 **days** 的值為 **7**。

604800

灰色文字是我們目前已經寫好的程式碼，粗體字才是這次新增的部分。

顯示七天共有幾秒。

**3**　回傳值

如果有一個函式的功能非常有用，我們想把函式運算的結果用在其他部分的程式碼裡，這種時候只要「回傳」這些結果，就能從函式取出這些值。請依照右邊粗體字部分的程式碼修改，就能從函式取得回傳值。既然函式的目的改變了，我們也應該取個新名字來配合它的新功能。改好新函式的程式碼後，請先不要急著執行。

```python
def convert_days_to_seconds(days):
    hours = days * 24
    minutes = hours * 60
    seconds = minutes * 60
    return seconds
```

函式改了新名字。

函式有新名字和新功能了，所以刪除原本呼叫函式 print() 的程式碼。

使用關鍵字 return 就能回傳變數 seconds 的值。

**4**　儲存和使用回傳值

我們可以先將函式的回傳值儲存在變數裡，留待稍後再用在其他部分的程式碼。請在目前的函式裡加入右邊這幾行粗體字的程式碼，目的是儲存回傳值，然後將這個值轉換成微秒（千分之一秒）。請指定不同的天數，動手實驗看看吧。

呼叫函式，並且指定參數 days 的值為 7。

```python
def convert_days_to_seconds(days):
    hours = days * 24
    minutes = hours * 60
    seconds = minutes * 60
    return seconds

total_seconds = convert_days_to_seconds(7)
milliseconds = total_seconds * 1000
print(milliseconds)

604800000
```

將函式回傳值儲存到變數 total_seconds。

在螢幕上顯示變數 milliseconds 的值。

顯示七天共有多少微秒。

將函式計算出來的總秒數轉換成微秒，然後儲存到變數 milliseconds。

▪▪▪ **程式高手秘笈**

## 函式命名

我們在步驟三將函式名稱從原本的 print_seconds_per_day() 改成 convert_days_to_seconds()，理由和變數命名一樣，重點是我們用的名字要能確實解釋函式的功能是什麼，這能幫助我們更容易了解程式碼。

函式的命名規則類似我們在變數命名時提到的那些規則，所以函式名稱可以包含字母、數字和底線，而且開頭第一個字必須是字母。如果函式名稱包含好幾個英文單字，每個單字之間應該以底線分開。

# 除錯

當程式碼發生某種錯誤時，Python 會顯示錯誤訊息，幫助我們找出錯誤。剛開始接觸這些訊息時會覺得很難懂，但它們提供了許多線索，告訴我們程式為什麼不能運作，以及如何修正程式碼。

## 錯誤訊息

如果 Python 偵測到程式碼裡有錯誤，IDLE 工具的編輯視窗和 Shell 視窗都會顯示錯誤訊息。Python 的錯誤訊息會告訴我們程式碼發生哪種類型的錯誤，以及錯誤發生在哪一行程式碼裡。

▽ **編輯視窗的錯誤訊息**

IDLE 編輯視窗是以彈出對話盒的方式，警示我們程式碼發生錯誤。按下介面上的『OK』就能返回程式，Python 會以紅色標出錯誤的程式碼，或是附近可能發生錯誤的程式碼。

▽ **Shell 視窗的錯誤訊息**

Python 的 Shell 視窗是以紅色文字顯示錯誤訊息。出現錯誤訊息時，程式會停止運作，以訊息提示我們是哪一行程式碼引起錯誤。

這個彈出視窗是告訴我們程式發生語法錯誤，表示我們在輸入程式碼時有打字上的錯誤。

SyntaxError（語法錯誤）

invalid syntax
（無效的語法）

OK

```
>>>
Traceback (most recent call last):
    File "Users/Craig/Developments/top-secret-python-book/age.py", line 21, in module>
        print('I am'+ age + 'years old')
TypeError: Can't convert 'int' object to str implicitly
```

這一行錯誤訊息表示程式碼發生資料型態錯誤（請參見第 50 頁）。

指錯誤發生在第 21 行程式碼。

讓我來找出這些討厭的臭蟲！

【英文小教室】

本書幽默地將「find bugs」設計成雙關語：找出程式錯誤／找出「臭蟲」。

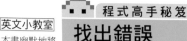

程式高手秘笈

### 找出錯誤

當 Shell 視窗出現錯誤訊息，請將滑鼠移到訊息上並且按下右鍵，從出現的下拉式選單裡選擇『Go to file/line』，IDLE 編輯器就會直接跳到有問題的那一行程式碼，讓我們能立刻開始除錯。

line 21

Cut（剪下）

Copy（複製）

Paste（貼上）

Go to file/line（前往程式碼）

# 語法錯誤（Syntax Error）

Python 出現語法錯誤的訊息時，就是提示我們
程式碼裡有某些字打錯了。有可能是手一滑，
輸入了一個錯誤的字母，但是別擔心，這些是
最容易修正的錯誤，仔細檢查程式碼，試著找
出哪裡發生錯誤吧。

這裡缺少一個右括號，
必須補上另一邊的括號。

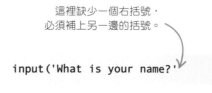

```
input('What is your name?'
```

缺少成對單引號裡的第一個引號，
必須補上一個引號。

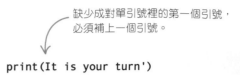

```
print(It is your turn')
```

▷ **請留意這幾個地方**
請仔細檢查程式碼，看看是否漏了打括
號或單引號？應該兩兩成對的括號和單
引號是否漏掉其中一個？有沒有單字拼
錯了？這些情況都可能導致語法錯誤。

這個變數的名字拼錯了，
正確的名字是 short_shots。

```
total_score = (long_shots * 3) + (shoort_shots * 2)
```

---

# 縮排錯誤（Indentation Error）

Python 利用縮排來判斷一段程式碼的開始和結束。
縮排錯誤是指我們在編排程式碼結構時有排版上的
錯誤。請記住：如果程式碼的結尾是冒號（：），
下一行程式碼就必須縮排。如果想手動縮排一行程
式碼，請按四次空白鍵。

▽ **每一段新的程式碼都要縮排**
Python 程式裡經常會有一段程式內還有另外一段
程式的情況，例如，在函式裡使用迴圈。一段特
定程式裡每一行程式碼的縮排方式都要一樣，雖
然 Python 會自動縮排冒號之後的每一行程式碼，
最好還是手動檢查每一段程式的縮排是否正確。

第一段程式

第二段程式

第三段程式

繼續第二段程式

繼續第一段程式

Python 從縮排結構判斷哪幾行程式碼
屬於哪一段程式。

```
if weekday is True:
print('Go to school')
```

這一行程式碼會觸發縮排錯誤的訊息。

```
if weekday is True:
    print('Go to school')
```

四個空格。

要修正這個錯誤，第二行程式碼必須
以這樣的方式縮排。

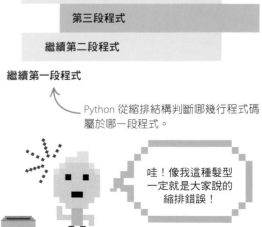

哇！像我這種髮型
一定就是大家說的
縮排錯誤！

# 資料型態錯誤（Type Error）

資料型態錯誤和打字錯誤不一樣，這是指程式碼裡混用了兩種不同型態的資料，例如，把數字和字串混在一起使用。這就像你拿冰箱去烤蛋糕一樣，當然不可能辦到，因為冰箱的用途不適合烤東西！同樣地，當你要求 Python 去做不可能的任務時，如果它不肯乖乖合作，千萬別太驚訝！

```
budget = 'Fifty' * 'Five'
```

Python 能將兩個數字相乘，但不能對字串進行乘法運算。

◁ **資料型態錯誤的例子**
當我們要求 Python 做一些不合理的事，執行程式時就會跳出資料型態錯誤，例如，讓字串相乘、比較兩個完全不同型態的資料，或是在一串字母裡找出一個數字。

```
hot_day = '20 degrees' > 15
```

Python 無法判斷某個字串是否比某個數字大，因為這兩者是完全不同的資料型態。

```
list = ['a','b','c']
find_biggest_number(list)
```

這個函式以為你會指定一串數字作為參數值，但你卻給它一串字母！

**英文小教室**
本書幽默地將「multiplication」和「string」設計成雙關語：字串無法進行乘法運算／無法處理大量增加的線。

# 名稱錯誤（Name Error）

如果寫程式時用了還沒產生的變數或函式，執行程式時就會跳出名稱錯誤。想避免這種情況，一定要先定義我們之後準備使用的變數和函式，才能在寫程式時使用它們。本書推薦一個實用的做法，就是在程式碼開頭的內容裡定義好所有要用的函式。

▷ **名稱錯誤**
右邊的程式碼出現名稱錯誤，所以 Python 程式無法顯示訊息：「I live in Moscow」（我住莫斯科。）要修正這個錯誤，必須先產生變數 hometown，函式 print() 才能使用這個變數。

產生變數的程式碼一定要寫在 print() 指令之前。

```
print('I live in ' + hometown)
hometown = 'Moscow'
```

# 邏輯錯誤（Logic Error）

有時候就算 Python 沒有跳出任何錯誤訊息，但是因為程式運作的結果和我們預期的不一樣，我們會覺得程式碼有哪裡怪怪的，這時有可能就是發生邏輯錯誤。或許我們輸入的文字都對，沒有打字錯誤，但如果漏掉一行重要的程式碼或是指令放錯順序，都有可能造成程式運作的結果不正常。

邏輯錯誤！
無法計算 …

```python
print('Oh no! You have lost a life')
print(lives)
lives = lives - 1
```

所有程式碼的文字都對，但有兩行
程式碼的順序錯了。

◁ **你能找出錯誤嗎？**
執行左邊的程式碼時，Python 不會跳出任何錯誤訊息，但其實存在邏輯上的錯誤。可以發現變數 `lives` 的值還沒減 1 就先顯示在螢幕上，此時玩家在螢幕上看到的剩餘生命數當然是錯的！要修正這個錯誤，請把指令 `print(lives)` 移到最後一行。

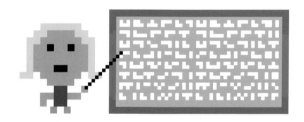

◁ **逐行檢查**
邏輯錯誤的問題往往很棘手，而且不好找，但寫程式的經驗越多，就越擅長追蹤出這類的錯誤。想找出程式邏輯上的錯誤，通常只能慢慢地逐行檢查程式碼，只要有耐心，多花點時間，最後一定能找出問題。

---

**⦙⦙⦙ 程式高手秘笈**

## 除錯檢查表

有時候你會認為自己找不出問題，永遠無法讓一個程式正常運作，但是請不要放棄！只要照著右邊這個超好用的檢查表逐一排除錯誤，大部分的錯誤應該都能找到。

問問自己 …

- 如果你是照著本書的範例練習寫程式，但程式執行之後卻無法運作，請檢查你輸入的程式碼是不是和本書內容完全一樣。
- 程式碼的所有文字是不是都拼對了？
- 每一行程式碼開頭有沒有多一個空格或少一個空格？
- 有沒有把數字和字母混淆了，例如，數字 0 和字母 O？
- 大小寫字母的使用時機是否都正確？
- 所有用到的括號 ()、[]、{} 是不是都左右成對？
- 所有用到的單引號（''）、雙引號（""）是否都兩兩成對？
- 有沒有找其他人來幫你照著本書的內容檢查程式碼？
- 上一次改完程式碼後，有沒有記得儲存檔案？

# 密碼組合 & 產生器

密碼可以防止別人入侵我們的電腦和竊取個人電子郵件、網站登入的詳細資料。這個範例程式會帶我們建立一個工具，幫助我們產生安全、好記的密碼，守護個人資訊的安全。

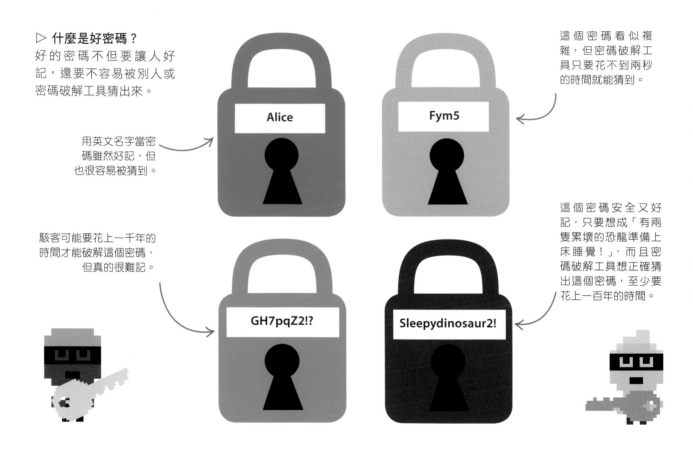

▷ **什麼是好密碼？**
好的密碼不但要讓人好記，還要不容易被別人或密碼破解工具猜出來。

用英文名字當密碼雖然好記，但也很容易被猜到。

這個密碼看似複雜，但密碼破解工具只要花不到兩秒的時間就能猜到。

駭客可能要花上一千年的時間才能破解這個密碼，但真的很難記。

這個密碼安全又好記，只要想成「有兩隻累壞的恐龍準備上床睡覺！」，而且密碼破解工具想正確猜出這個密碼，至少要花上一百年的時間。

## 範例說明

這個範例程式能讓使用者結合英文單字、數字和字母，創造出安全性高的密碼。程式執行後會創造新密碼，並且將密碼顯示在螢幕上，使用者可以一直要求程式產生新密碼，直到找到滿意的密碼為止。

### 知識補給站

## 密碼破解工具（**Password cracker**）

駭客利用密碼破解工具來猜密碼，有些破解工具每秒甚至能猜數百萬次，通常會從一般人最常設定的單字和名字開始猜起。如果能用幾個不同部分組成獨特的密碼，有助於保護密碼，免於被別人破解。

## ▽ 程式流程圖

程式會隨機選出密碼組成裡每個部分的內容，再將這四個部分加以組合，然後在 Shell 視窗裡顯示新密碼。如果還想產生其他密碼，程式會重新執行這些步驟，否則就結束程式。

```
程式開始
  ↓
隨機選一個形容詞
  ↓
隨機選一個名詞
  ↓
從0到100裡隨機
選一個數字
  ↓
隨機選一個標點符號
  ↓
產生安全的密碼
  ↓
顯示安全的密碼
  ↓
還要產生密碼嗎？ ── 要 ──
  ↓ 不要
程式結束
```

# 程式技巧

這個範例會教我們使用 Python 的 **random**（隨機）模組。程式從形容詞、名詞、數字和標點符號這四種類型裡，各自隨機選出一個單字和數字來組成密碼。利用這個程式，立刻就能創造出像「fluffyapple14(」或「smellygoat&」這種不可思議又不容易忘記的密碼！

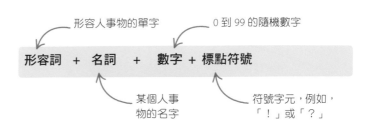

形容人事物的單字　　　　0 到 99 的隨機數字

形容詞 ＋ 名詞 ＋ 數字 ＋ 標點符號

某個人事物的名字　　　符號字元，例如，「！」或「？」

# 聰明但簡單！

這個程式不需要大量的程式碼，就能聰明地組合和產生密碼，所以不用花太多時間就能完成。

英文小教室
本書幽默地將「random」和「string」設計成雙關語：隨機字串／一團亂線。

這條線根本是一團亂！

**1　建立新的檔案**
開啟 IDLE 工具。點選『File』（檔案）下的『New File』（新增檔案），將檔名儲存為『password_picker.py』。

**2　新增模組**
從 Python 模組庫裡匯入 **string** 和 **random** 模組。請在檔案第一行輸入右邊這兩行程式碼，之後就能使用這兩個模組。

random 模組能幫助我們做出選擇。

```
import random
import string
```

string 模組能幫我們有效地處理字串，例如，拆開字串或改變字串出現的方式。

**3　歡迎使用者**
程式一開始會先產生一行訊息，歡迎使用者。

這一行程式碼是在螢幕上顯示一行歡迎訊息。

```
import random
import string
print('Welcome to Password Picker!')
```

**4** 測試程式碼

執行程式碼後，Shell 視窗會出現右邊這一行歡迎訊息。

```
Welcome to Password Picker!
```

**5** 建立形容詞清單

程式需要形容詞和名詞單字來產生新密碼，Python 能讓我們將一群相關的資料儲存在清單裡。首先，請在 import 敘述和 print() 指令之間，新增右邊這一段粗體字程式碼，目的是產生變數 adjectives，用以儲存形容詞清單。必須把整個清單放在中括號裡，括號裡的每個資料值要以逗號分開。

以變數 adjectives 儲存一串形容詞單字。
每個資料值都是一個字串。
每個資料值後面都要加上一個逗號。

```python
import string

adjectives = ['sleepy', 'slow', 'smelly',
              'wet', 'fat', 'red',
              'orange', 'yellow', 'green',
              'blue', 'purple', 'fluffy',
              'white', 'proud', 'brave']

print('Welcome to Password Picker!')
```

清單要以一組中括號包覆。

**6** 建立名詞清單

接下來我們要產生一個變數儲存名詞清單。請在形容詞清單和 print() 指令之間，新增右邊的粗體字程式碼。和步驟 5 的做法一樣，記得要用中括號和逗號設定資料。

```python
              'white', 'proud', 'brave']

nouns = ['apple', 'dinosaur', 'ball',
         'toaster', 'goat', 'dragon',
         'hammer', 'duck', 'panda']

print('Welcome to Password Picker!')
```

每個字串都要放在單引號裡。

---

程式高手秘笈

## 隨機數字

產生隨機數字的程式能讓我們模擬擲骰子、從眾多牌卡裡挑出一張卡片或是拋硬幣的效果。想進一步了解 Python 隨機模組的使用方法，請點擊 IDLE 視窗上方工具列的『Help』（說明），選擇『Python Docs』（Python 技術手冊）。

Help（說明）

Search（搜尋）

IDLE Help（IDLE操作手冊）

Python Docs（Python手冊）

**7** 挑選單字

程式產生密碼之前，必須先隨機挑選一個形容詞和名詞，我們要利用隨機模組裡的函式 choice() 來達成這個目的。請在 print() 指令下面輸入以下這段粗體字程式碼。（每當你想從一個清單裡隨機選出其中一個項目，就可以使用這個函式，記得將存有資料的清單變數指定給函式作為參數值。）

```python
print('Welcome to Password Picker!')

adjective = random.choice(adjectives)
noun = random.choice(nouns)
```

變數 adjective 負責儲存從形容詞清單裡隨機選出的單字。

變數 noun 負責儲存從名詞清單裡隨機選出的單字。

**8** **挑選數字**

現在我們要利用隨機模組的函式 `randrange()`，從 0 到 99 隨機選出一個數字。請將以下這行粗體字程式碼加在最後一行。

```
noun = random.choice(nouns)
number = random.randrange(0, 100)
```

**9** **挑選特別字元**

請新增以下這行粗體字程式碼。我們要再次利用函式 `random.choice()`，隨機選出一個標點符號，讓我們的密碼更難破解！

```
number = random.randrange(0, 100)
special_char = random.choice(string.punctuation)
```

這是一個常數。

## 常數（Constant）

常數是一種特別的變數，在程式執行過程中，常數的內容永遠不變。範例中的常數 `string.punctuation` 是一個包含所有標點符號的字串。在 Shell 視窗裡輸入 `import string`，再輸入 `print(string.punctuation)`，就能看到這個常數的內容。

```
>>> import string
>>> print(string.punctuation)
!"#$%&'()*+,-./:;<=>?@[\]^_`{|}~
```

常數裡的所有字元。

**10** **產生安全的新密碼**

現在我們該把之前準備的所有部分組合在一起，產生安全的新密碼。請在程式碼的最後一行下面，輸入右邊這兩行粗體字程式碼。

程式產生出來的安全密碼會儲存在這個變數裡。

將之前隨機挑選的數字轉換成字串。

```
password = adjective + noun + str(number) + special_char
print('Your new password is: %s' % password)
```

Shell 視窗會顯示程式產生出來的新密碼。

## 字串 & 整數

函式 `str()` 的功能是將整數轉換成字串。組合整數和字串時，如果不用這個函式先處理數字，Python 就會跳出錯誤訊息。讓我們測試看看：請在 Shell 視窗輸入程式碼 `print('route'+66)`，看看會發生什麼。

為了避免這種錯誤，一定要先用函式 `str()` 將數字轉換成字串。

```
>>> print('route '+66)
Traceback (most recent call last):
    File '<pyshell#0>', line 1, in <module>
        print('route '+66)
TypeError: Can't convert 'int' object to str implicitly
```

錯誤訊息

```
>>>  print('route '+str(66))
route 66
```

把要轉換成字串的數字填在函式 `str()` 的括號裡。

**11** 測試程式
現在是測試程式的好時機了,請執行程式碼,
看看 Shell 視窗裡會出現什麼結果。如果執行
程式後跳出錯誤訊息,別擔心,回頭仔細檢
查程式碼,找找看錯誤在哪裡。

```
Welcome to Password Picker!
Your new password is: bluegoat92=
```

你的程式產生出來的
隨機密碼可能不會和
範例一樣。

別忘了儲存你的
工作成果。

**12** 產生另一個密碼
如果使用者想要其他不同的密碼,我們可以利用 **while**
迴圈再產生另一個密碼。請參考粗體字部分的程式碼修
改程式,目的是問使用者是否需要新密碼,然後將他們
回答的結果儲存到變數 **response**。

```python
print('Welcome to Password Picker!')

while True:
    adjective = random.choice(adjectives)
    noun = random.choice(nouns)
    number = random.randrange(0, 100)
    special_char = random.choice(string.punctuation)

    password = adjective + noun + str(number) + special_char
    print('Your new password is: %s' % password)

    response = input('Would you like another password? Type y or n: ')
    if response == 'n':
        break
```

**while** 迴圈的起點。

這幾行之前寫
好的程式碼都
必須縮排,才
能變成 **while**
迴圈本體的程
式碼。

**while** 迴圈會在
這裡結束。

利用函式 input(),
請使用者在 Shell 視窗裡
輸入他們的回應。

如果使用者回答「要」(y),
程式會跳到迴圈的起點;
如果回答「不要」(n),
就離開迴圈。

**13** 挑一個完美的密碼
當你看到程式產生的密碼,心想:就是它!這樣就完成
了,恭喜你,終於找到一個難以破解又好記的密碼了!

```
Welcome to Password Picker!
Your new password is: yellowapple42}
Would you like another password? Type y or n: y
Your new password is: greenpanda13*
Would you like another password? Type y or n: n
```

在提示符號之後輸入『y』,
就能得到新密碼。

在提示符號之後輸入『n』,
就會離開程式。

# 進階變化的技巧

試著改寫我們已經完成的程式，加入以下這些特性吧。
你還能想到其他提高密碼安全性的方法嗎？

我總是找不到
正確的鑰匙！

▷ **增加更多單字**

想變化出更多密碼，可以在名詞和形容詞清
單裡加入更多單字。想想你腦海裡那些平常
很少用的或是讓人覺得很蠢的單字，何不把
它們用在密碼裡呢？

```
nouns = ['apple', 'dinosaur', 'ball',
         'toaster', 'goat', 'dragon',
         'hammer', 'duck', 'panda',
         'telephone', 'banana', 'teacher']
```

```
while True:

    for num in range(3):

        adjective = random.choice(adjectives)
        noun = random.choice(nouns)
        number = random.randrange(0, 100)
        special_char = random.choice(string.punctuation)


        password = adjective + noun + str(number) + special_char
        print('Your new password is: %s' % password)


    response = input('Would you like more passwords? Type y or n: ')
```

**for** 迴圈會執行三次程式碼，這樣使用者
一次就有三個不同的密碼可以選擇。

這幾行程式碼
一定要縮排。

△ **一次產生更多密碼**

只要改一下程式碼，程式就能一次產生和
顯示三個密碼。想達成這個目的，我們需
要在 **while** 迴圈裡加入一個 **for** 迴圈。

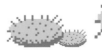

嗯！這是毛茸茸
的藍色馬鈴薯！

▷ **增加密碼長度**

在密碼裡多加另外一種單字，不僅能增加密
碼長度，還能提高密碼的安全性。你可以考
慮增加顏色清單，然後從清單裡隨機選一個
顏色加到程式產生的每個密碼裡。

把隨機選出的顏色
加進密碼裡。

**Your new password is: hairybluepotato33%**

# 模組（Module）

模組是一套現成的程式碼，目的是幫助我們處理寫程式時常見的挑戰。模組不會有太多讓人感到興奮的程式碼，這是為了讓我們能專注開發其他有趣的地方，而且，由於已經有非常多的人使用過模組，這些程式碼通常運作正常，也不太可能發生錯誤。

## Python 的內建模組

Python 程式提供了很多實用的模組，這些模組稱為標準函式庫（Standard Library）。我們從函式庫裡挑出下面這幾個有趣的模組，你或許會想試用看看。

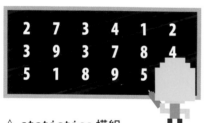

### △ statistics 模組
statistics（統計）模組能幫我們計算一串數字的平均值，或是找出其中出現次數最多的值。如果遊戲需要計算平均分數，這個模組非常方便。

### ▷ random 模組
我們在範例「密碼組合＆產生器」裡用過 random（隨機）模組，幫我們隨機選取單字和數字，遊戲或程式裡能加入機率性是很棒的設計。

### ▷ socket 模組
　　（通訊）模組讓程式能透過內部網外部的網際網路進行溝通，可以設　上遊戲。

### ▷ datetime 模組
datetime（時間）模組能幫我們處理跟日期有關的功能，例如，取得今天的日期、計算到某個特殊日子為止的時間有多長。

### ▷ webbrowser 模組
webbrowser（瀏覽器）模組能控制電腦上的網頁瀏覽器，讓我們的程式直接打開網站上的網頁。

這是到目前為止最棒的蜘蛛網！

英文小教室
本書幽默地將「web」設計成雙關語：網頁／蜘蛛網。

# 模組的使用方法

如果想在程式裡使用某個模組，就必須先讓 Python 程式加入這個模組，利用 import（匯入）敘述告訴 Python 要加入哪些模組。根據我們對模組的需求，有以下幾種不同的匯入方式。

這行 import 敘述是匯入整個 **webbrowser** 模組。

▷ **import...**
輸入 Python 的關鍵字 **import**，就能使用某個模組的所有內容，不過，呼叫函式時，函式前面必須加上模組名稱。右邊的範例程式匯入整個 **webbrowser** 模組的內容，然後使用模組內建的函式 **open()**，在電腦的瀏覽器上開啟 Python 官網的網頁。

```
>>> import webbrowser
>>> webbrowser.open('https://docs.python.org/3/library')
```

函式名稱前面是它的模組名稱。

只匯入 **random** 模組裡的函式 **choice()**。

▷ **from... import...**
如果只想使用模組裡的特定部分，只要加上 Python 的關鍵字 **from**，就可以只匯入特定部分的內容，呼叫函式時，只要單獨使用函式名稱即可。右邊的範例程式只匯入 **random** 模組的函式 **choice()**，從指定的清單裡隨機挑選一個資料項目。

```
>>> from random import choice
>>> direction = choice(['N', 'S', 'E', 'W'])
>>> print(direction)
W
```

函式名稱前面不用加上模組名稱。

程式顯示隨機選出的方向。

匯入函式 **time()**，並且重新命名為 **time_now()**。

▷ **from... import... as...**
在某些情況下，我們可能會想在匯入模組或是函式的時候改變它們的名稱，例如，程式裡已經使用這些函式名稱或是名稱的意義不夠清楚，此時只要使用 Python 的關鍵字 **as**，後面加上新名稱，就能達成這個目的。右邊的範例程式將函式 **time()** 的名稱改為 **time_now()**，功能是計算電腦起始日到目前為止的時間，程式計算出來的時間會是從 1970 年一月一日 00:00（這是多數電腦預設時間的起始時間）開始到現在的總秒數。

```
>>> from time import time as time_now
>>> now = time_now()
>>> print(now)
1478092571.003539
```

變數呼叫函式時，使用了函式的新名稱。

從 1970 年一月一日 00:00 開始到程式計算時的總秒數。

你整整遲到了 1478092571.003539 秒！

# 九條命

在這個讓人神經緊繃的遊戲裡，玩家必須猜出謎題裡的單字，每次只能猜一個字母，猜錯的話，就會失去一條命。由於玩家只有九條命，必須小心選擇要猜的字母。當所有生命用完，遊戲就會結束！

## 範例說明

這個範例程式是讓玩家猜單字謎題，出題時以問號顯示單字中的每個字母。當玩家猜出正確的字母，程式才會將原本顯示的問號換成猜對的字母；如果玩家知道單字的答案，可以輸入完整的單字。當玩家輸入正確的單字或用完全部的生命數時，遊戲就會結束。

以問號顯示單字謎題中的每個字母。

程式會以「愛心」表示玩家剩下幾條命。

```
['?', '?', '?', '?', '?']
Lives left: ♥♥♥♥♥♥♥♥♥
Guess a letter or the whole word: a
['?', '?', '?', '?', 'a']
Lives left: ♥♥♥♥♥♥♥♥♥
Guess a letter or the whole word: i
['?', 'i', '?', '?', 'a']
Lives left: ♥♥♥♥♥♥♥♥♥
Guess a letter or the whole word: y
Incorrect. You lose a life
['?', 'i', '?', '?', 'a']
Lives left: ♥♥♥♥♥♥♥♥
Guess a letter or the whole word: p
['p', 'i', '?', '?', 'a']
Lives left: ♥♥♥♥♥♥♥♥
Guess a letter or the whole word: t
Incorrect. You lose a life
['p', 'i', '?', '?', 'a']
Lives left: ♥♥♥♥♥♥♥
Guess a letter or the whole word: pizza
You won! The secret word was pizza
```

單字謎題會顯示玩家猜中的字母。

玩家每猜錯一次，就會消失一個愛心。

如果玩家知道答案，輸入完整的單字即可獲勝。

你還有七條命，接下來要猜哪個字母？

我猜「P」！

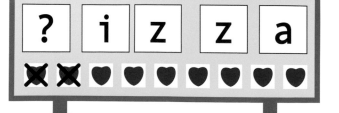

# 程式技巧

首先，建立兩個清單：一個儲存謎題用的單字，另一個儲存由問號組成的單字提示；接著，使用 **random** 模組，從謎題清單裡隨機選出一個單字；然後建立迴圈，檢查玩家猜測的答案。此外，還要再建立一個函式更新單字提示，慢慢地露出玩家猜對的字母。

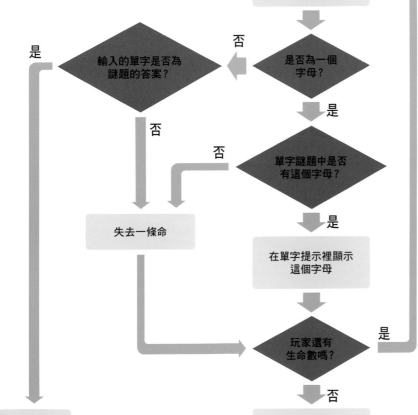

◁ **程式流程圖**

這個遊戲的程式流程看似複雜，但程式碼卻相當簡短。程式的主體是一個迴圈，負責檢查玩家猜的字母是否為單字謎題的一部分，以及玩家還剩幾條命可以用。

我有九條命！

**程式高手秘笈**

## Unicode 字元（標準萬國碼）

顯示在電腦螢幕上的字母、數字、標點和符號都稱為「字元」（character）。全世界大多數的語言都能以字元表示，甚至還有一些特殊字元能顯示簡單的圖片，包含顏文字（emoji）。字元會編碼成字元集，例如，ASCII 字元集（美國資訊交換標準碼，American Standard Code for Information Interchange），主要用於顯示英文。在我們的範例程式中，表示玩家生命的愛心是來自 Unicode 字元集，這個字元集定義了大量的符號，包含以下這類的圖示。

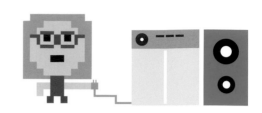

# 準備工作

接下來,我們會分兩階段完成這個範例程式。首先,匯入程式需要的模組和建立變數,然後再撰寫主要部分的程式碼。

**1　建立新檔**

請開啟 IDLE 工具,建立新檔並且將檔案名稱儲存為『nine_lives.py』。

```
File（檔案）
Save（儲存檔案）
Save As（另存新檔）
```

**2　匯入模組**

這個範例會用到 Python 內建的 **random** 模組,所以一開始要先輸入以下這行程式碼才能匯入模組。

```
import random
```

**3　建立變數**

請在匯入模組的程式碼下面,輸入右邊的粗體字程式碼,目的是建立變數 **lives**,追蹤玩家還剩下幾條命(猜答案的機會)。

```
import random

lives = 9
```

玩家一開始有九條命。

**4　建立單字清單**

因為程式只認識我們給它的單字,所以必須把這些作為謎題的單字放在一個清單裡,然後儲存到變數 **words**。請在剛剛建立變數 **lives** 的程式碼下面,輸入右邊的粗體字程式碼。

```
lives = 9
words = ['pizza', 'fairy', 'teeth', 'shirt',
        'otter', 'plane']
```

清單裡的每個單字都是由五個字母組成的字串。

**5　選擇作為謎題的單字**

每次開始一場新遊戲,程式都要先隨機挑選準備給玩家猜的單字,然後把選出來的單字儲存到變數 **secret_word**。請輸入右邊的粗體字程式碼,產生這個新變數。

```
words = ['pizza', 'fairy', 'teeth', 'shirt',
        'otter', 'plane']
secret_word = random.choice(words)
```

這個變數會使用 random 模組的函式 choice()。

請隨便選一張卡片。

## 6　儲存單字線索

現在我們要建立另外一個清單，負責儲存程式顯示給玩家看的線索。謎題裡還沒被猜出來的字母會先存成問號，等玩家猜到正確的字母，再將問號換掉，所以遊戲剛開始時，線索清單裡都是問號。雖然我們可以將單字謎題裡的每個字母都輸入成問號，也就是寫成 `clue=list['?','?','?','?','?']`，但是以下這種寫法更快。請在產生變數 `secret_word` 的程式碼下面，輸入以下這行粗體字程式碼。

```
secret_word = random.choice(words)
clue = list('?????')
```

在線索清單裡填入五個問號，然後儲存到變數 `clue`。

我已經存好所有線索。

## 7　顯示玩家還剩下幾條命

這個範例程式使用 Unicode 字元集裡的愛心字元，表示玩家還剩下幾條命，為了讓程式碼更易於閱讀和撰寫，請輸入以下這行粗體字程式碼，先將愛心字元儲存到變數 `heart_symbol`。

```
clue = list('?????')
heart_symbol = u'\u2764'
```

## 8　記錄玩家是否猜出正確答案

我們還需要一個變數來儲存結果，才能知道玩家是不是已經猜到正確的單字。遊戲剛開始時，玩家還不知道單字謎題的答案，所以變數值一開始會設成 False（假）。請在儲存愛心符號的程式碼下一行，輸入以下這行粗體字程式碼。

```
heart_symbol = u'\u2764'
guessed_word_correctly = False
```

布林值（True 或 False）。

---

## 單字長度

請注意：增加謎題時，只能用長度為五個字母的單字，因為線索清單的空間只能儲存五個字母。如果我們增加的單字長度超過五個字母，程式在線索清單裡放入第五個以後的字母時，就會跳出以下這個錯誤訊息。

```
Index error: list assignment index
out of range
```

（索引編號錯誤：清單指派的索引編號超出範圍。）

如果我們增加的單字長度小於五個字母，雖然程式可以運作，但玩家一開始還是會看到五個問號，這樣會讓玩家以為謎題的答案有五個字母。例如，假設你增加的單字是「car」，程式運作的過程會像以下這個情況：

```
['?', '?', '?', '?', '?']
Lives left: ♥♥♥♥♥♥♥♥♥
Guess a letter or the whole word: c
['c', '?', '?', '?', '?']
Lives left: ♥♥♥♥♥♥♥♥♥
Guess a letter or the whole word: a
['c', 'a', '?', '?', '?']
Lives left: ♥♥♥♥♥♥♥♥♥
Guess a letter or the whole word: r
['c', 'a', 'r', '?', '?']
Lives left: ♥♥♥♥♥♥♥♥♥
Guess a letter or the whole word:
```

最後這兩個問號無法表示任何字母，所以永遠無法消失。

問題來了，不管玩家猜哪個字母，最後兩個問號還是會留在那裡，這會造成玩家永遠無法贏得遊戲！

# 主程式

這個範例的主程式是一個迴圈,負責檢查玩家輸入的字母是不是單字謎題裡的其中一個字母。如果是,程式就呼叫函式更新謎題線索。接下來的步驟會先寫這個更新函式,再建立主要迴圈。

**9** 檢查字母是否在單字謎題裡
如果玩家猜的字母是單字謎題裡的其中一個,程式就必須更新線索。函式 `update_clue()` 能幫助我們達成目的,這個函式有三個參數:玩家猜的字母、單字謎題和線索清單。請在變數 `guessed_word_correctly` 下面,新增以下這段粗體字程式碼。

▷ **程式技巧**
右邊這個函式的 `while` 迴圈每次執行都會檢查單字謎題裡的一個字母,判斷字母是否和玩家猜的字母一樣。程式掃描單字時,會以變數 `index` 持續計算目前該檢查哪個字母。

如果玩家猜的字母正確,程式會利用變數 `index` 找到線索清單裡正確的位置,把該位置的問號換成猜對的字母。

```python
guessed_word_correctly = False


def update_clue(guessed_letter, secret_word, clue):
    index = 0
    while index < len(secret_word):
        if guessed_letter == secret_word[index]:
            clue[index] = guessed_letter
        index = index + 1
```

函式 `len()` 會回傳指定單字有幾個字母,範例中的單字有 5 個字母。

變數 `index` 的值加 1。

**10** 猜一個字母或單字
只要遊戲還沒結束,程式就會一直要求玩家輸入一個字母或是整個單字,直到玩家猜出正確答案,或是用完生命數為止,這正是主迴圈負責的工作。請在函式 `update_clue()` 的程式碼下面,加入右邊的粗體字程式碼。

顯示謎題線索,和玩家剩餘的生命數。

如果玩家猜的字母是單字謎題的其中一個字母,程式就更新線索。

如果玩家猜錯了,就執行 `else` 底下的程式碼,變數 `lives` 的值減 1。

```python
        index = index + 1

while lives > 0:
    print(clue)
    print('Lives left: ' + heart_symbol * lives)
    guess = input('Guess a letter or the whole word: ')

    if guess == secret_word:
        guessed_word_correctly = True
        break

    if guess in secret_word:
        update_clue(guess, secret_word, clue)
    else:
        print('Incorrect. You lose a life')
        lives = lives - 1
```

只要玩家還有生命數,迴圈就會持續執行。

取得玩家猜測的字母或整個單字。

當玩家猜出正確的單字,程式就會跳出迴圈。

程式高手秘笈

# 重複字串

範例中的程式碼 print('Livesleft:'+heart_symbol*lives) 用了一個巧妙的技巧，以愛心顯示玩家剩餘的每個生命。這項技巧是將想重複的字串乘上某個數字，指示 Python 以特定次數重複某個字串。例如，程式碼 print(heart_symbol*10) 會顯示十個愛心，請在 Shell 視窗試試看吧。

```
>>> heart_symbol = u'\u2764'
>>> print(heart_symbol * 10)
♥♥♥♥♥♥♥♥♥♥
```

**11** **玩家贏了嗎？**
遊戲結束時必須判斷玩家是不是贏了。如果變數 guessed_word_correctly 為 True，表示程式知道迴圈結束時，玩家還有生命數，所以玩家贏了這場遊戲；否則，就是玩家輸了。請在程式碼最後一行下面，加入以下這段粗體字程式碼。

耶，我贏了！

```
    lives = lives - 1

if guessed_word_correctly:
    print('You won! The secret word was ' + secret_word)
else:
    print('You lost! The secret word was ' + secret_word)
```

這是程式碼
「if guessed_word_correctly = True」
的簡化用法。

別忘了儲存你的工作成果。

**12** **測試程式碼**
現在該來測試一下遊戲，看看是否能正常運作。如果發生問題，請仔細檢查程式碼是否哪裡有錯。遊戲能正常運作後，趕快邀請朋友們來挑戰「九條命」吧！

```
['?', '?', '?', '?', '?']
Lives left: ♥♥♥♥♥♥♥♥♥
Guess a letter or the whole word:
```

輸入一個字母，
開始玩遊戲吧！

我想試開這輛車！

# 進階變化的技巧

很多技巧都能幫助你改寫和改造這個遊戲，例如，增加新單字、改變單字長度，或是改變遊戲的難易度。

### ▽ 增加更多單字

你可以試著在程式的謎題清單裡加入更多單字，想加幾個就加幾個，但是請記住一點，只能加長度為五個字母的單字。

```python
words = ['pizza', 'fairy', 'teeth', 'shirt', 'otter', 'plane', 'brush', 'horse', 'light']
```

### ▽ 改變玩家的生命數

調整玩家在遊戲內的生命數，能提高或降低遊戲的困難度。想達成這個目的，只要修改步驟 3 的程式碼即可，在產生變數 lives 時，調整變數值。

你想要更多條命嗎？我要，拜託！

### ◁ 增加單字長度

如果認為只用五個字母會讓遊戲太簡單，可以換成長一點的單字，但是請記住：謎題清單裡的所有單字長度都要一樣。要是真的想讓遊戲變得超級難，可以翻翻字典，使用你能找到的最長、平常最少用的單字！

Mississippi

## 增加遊戲難度

想讓遊戲增加更多樂趣，可以讓玩家在遊戲開始時選擇不同的難度。遊戲的難度越低，就給玩家越多的生命數。

真希望我那時候能選一條輕鬆的路！

**1** **取得玩家選擇的遊戲難度**
在主程式開頭的地方，也就是 while 迴圈前面，輸入以下的粗體字程式碼。目的是要求玩家選擇某個遊戲難度。

```python
difficulty = input('Choose difficulty (type 1, 2 or 3):\n 1 Easy\n 2 Normal\n 3 Hard\n')
difficulty = int(difficulty)

while lives > 0:
```

變數 difficulty 原本是一個字串，所以要用這行程式碼將字串轉成整數。

**2** 測試程式碼
測試一下我們剛剛修改的程式，看看是不是能用。成功的話，Shell 視窗應該會出現右邊的訊息。

```
Choose difficulty (type 1, 2, or 3):
  1 Easy
  2 Normal
  3 Hard
```

**3** 設定遊戲難度
接著，我們要用 **if**、**elif** 和 **else**，設定每個遊戲難度的生命數。在下面的範例程式中，我們設定簡單（easy）有 12 個生命數、普通（normal）有 9 個生命數，困難（hard）是 6 個生命數，如果認為這樣還是太簡單或太難，可以在測試之後，修改成你想要的生命數。請將以下的粗體字程式碼加在要求玩家選擇難度的程式碼後面。

我今天要提高訓練的難度！

```
difficulty = input('Choose difficulty (type 1, 2 or 3):\n 1 Easy\n 2 Normal\n 3 Hard\n')
difficulty = int(difficulty)

if difficulty == 1:
    lives = 12
elif difficulty == 2:
    lives = 9
else:
    lives = 6
```

# 變化單字的長度

如果想變化單字謎題的字母長度，該怎麼做？在原本的範例程式裡，如果程式不知道單字謎題的長度，就無法設定線索清單的長度。接著，我們要介紹一個聰明的修改技巧，幫助我們解決這個問題。

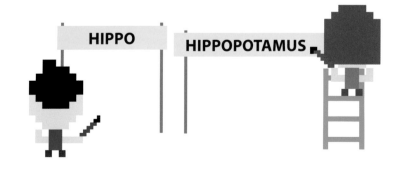

HIPPO

HIPPOPOTAMUS

**1** 建立空的謎題清單
產生謎題線索的儲存清單時，先不要填入問號，把清單的內容設成空字串。請參考右邊的程式碼修改謎題清單。

```
clue = []
```

中括號裡沒有放任何資料。

**2** 增加一個新迴圈
利用右邊這個簡單的迴圈，就可以在選定給玩家猜的單字謎題後，為線索清單設定正確的長度。迴圈會計算單字有幾個字母，然後將每個字母的線索都先設定為問號。

```
clue = []
index = 0
while index < len(secret_word):
    clue.append('?')
    index = index + 1
```

函式 append() 的功能是把一個資料值加進清單裡最後一個位置。

# 讓程式能聰明地結束遊戲

程式改寫到現在，就算玩家輸入完整的單字，遊戲還是不會結束，所以我們要讓程式更聰明，這樣當玩家猜出最後一個字母時，遊戲才能結束。

**1** 建立另外一個變數
首先，產生一個新變數，負責計算謎題裡未知字母的個數。請將右邊的粗體字程式碼寫在函式 update_clue 的程式碼前。

遊戲一開始，玩家還不知道所有的字母。

```
unknown_letters = len(secret_word)
```

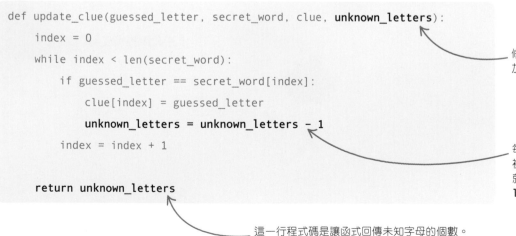

你看！我猜中了正確的字母！

**2** 編輯函式
接下來請參考以下粗體字程式碼，修改函式 update_clue()。現在每當玩家猜對一個字母，程式會將變數 unknown_letters 的值減 1，線索清單會顯示猜對的字母。

```
def update_clue(guessed_letter, secret_word, clue, unknown_letters):
    index = 0
    while index < len(secret_word):
        if guessed_letter == secret_word[index]:
            clue[index] = guessed_letter
            unknown_letters = unknown_letters - 1
        index = index + 1

    return unknown_letters
```

修改函式 update_clue，加入這個新參數。

每當單字謎題中出現一個被玩家猜對的字母，程式就會將變數 unknown_letters 的值減 1。

這一行程式碼是讓函式回傳未知字母的個數。

## ◁ 程式技巧

為什麼我們必須在函式 **update_clue()** 裡更新變數 **unknown_letters** 的值，而不是在玩家猜對單字謎題的字母時，直接在主迴圈裡將這個變數值減 1？如果同一個字母只會在謎題裡出現一次，這個做法當然有用，但如果同一個字母會出現很多次，這種計算方法就會出現錯誤。在函式 **update_clue()** 裡更新變數，每當單字謎題裡的字母被猜到一個時，程式碼才會將變數 **unknown_letters** 的值減 1，這是因為函式會檢查單字謎題裡的所有字母，確認每個字母是否都和玩家猜的字母一樣。

英文小教室
本書幽默地將「call」設計成雙關語：呼叫
函式／轉接電話給「函式」。

### 3 呼叫函式

我們還要修改函式 **update_clue()**，先將變數 **unknown_letters** 目前的值傳入函式作為參數，再儲存更新後的變數值。

```
if guess in secret_word:
    unknown_letters = update_clue(guess, secret_word, clue, unknown_letters)
else:
    print('Incorrect. You lose a life')
    lives = lives - 1
```

把更新後的變數值存回變數
**unknown_letters**。

傳入變數 **unknown_letters**
目前的值。

### 4 贏得遊戲

當 **unknown_letters** 的值變成 0，就表示玩家猜到謎題的正確答案。請將以下粗體字程式碼加到主迴圈本體的最後一行。現在，當玩家猜對所有字母時，遊戲會自動宣布玩家贏了。

```
    lives = lives - 1

if unknown_letters == 0:
    guessed_word_correctly = True
    break
```

當玩家猜到正確的單字，
**break** 敘述能讓程式跳離迴圈。

# Python 新手
# 的畫畫課

# 機器人產生器

有了 Python 的 turtle 繪圖模組，人人都能用程式輕鬆畫圖。turtle 繪圖模組的機器人「小烏龜」在螢幕上四處移動時，就像是拿著畫筆畫畫。這個範例程式會帶我們使用 turtle 繪圖模組，設計出更多的機器人，至少能畫出更多機器人！

可以助我
一「臂」之力嗎？

## 範例說明

執行程式後，Python 的 turtle 畫筆會出現在螢幕上，快速地到處移動，畫出一個友善的機器人。讓我們看看這個程式怎麼用不同的顏色，一塊一塊地組裝出機器人。

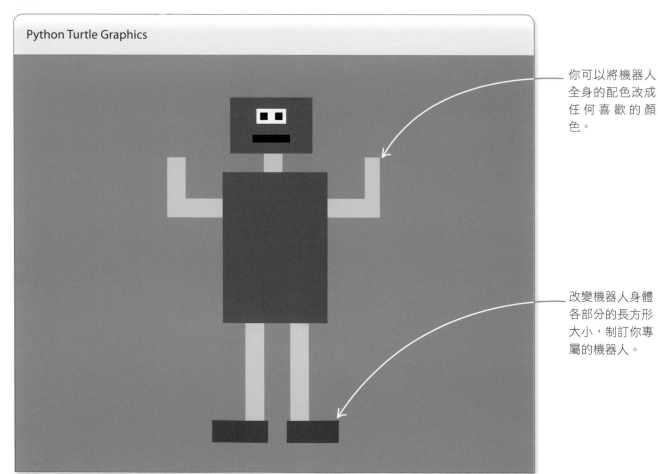

Python Turtle Graphics

你可以將機器人全身的配色改成任何喜歡的顏色。

改變機器人身體各部分的長方形大小，制訂你專屬的機器人。

# 程式技巧

首先，我們要設計一個函式負責畫長方形，再將這些畫出來的長方形放在一起，組合成一個機器人。改變傳給函式的參數值，可以改變長方形的大小和顏色，如此就能為機器人畫出細細長長的腿和正方形的眼睛等等，設計我們專屬的機器人。

## ▽ 別叫我烏龜！

請注意！不要把我們寫的繪圖程式取名為『turtle. py』，否則，Python 執行程式時會和 turtle 繪圖模組的程式搞混，跳出大量的錯誤訊息。

別叫我小烏龜！
我不是！

## ▽ 使用 turtle 繪圖模組畫圖

Python 的 turtle 繪圖模組能讓我們控制一隻小烏龜機器人，把它當成畫筆來繪圖。利用程式告訴這隻小烏龜要如何在螢幕上移動，畫出各種不同的圖片和設計。不只如此，還能告訴小烏龜哪時候該放下畫筆停止畫畫，哪時候該拿起畫筆繼續畫畫，甚至可以直接不留痕跡地把小烏龜拉到螢幕上的其他位置。

小烏龜往前移動 100 個像素，
然後左轉 90 度，
再往前直行 50 個像素。

```
t.forward(100)
t.left(90)
t.forward(50)
```

## ▽ 程式流程圖

以下流程圖說明範例程式裡各部分的程式碼如何組合在一起。程式一開始會先設定視窗的背景顏色和 turtle 畫筆的移動速度，接著，從機器人的腳部開始，依序畫到頭部，每次畫出機器人身體的一個部分。

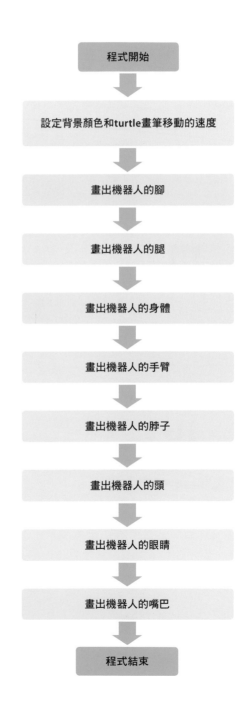

程式開始

設定背景顏色和 turtle 畫筆移動的速度

畫出機器人的腳

畫出機器人的腿

畫出機器人的身體

畫出機器人的手臂

畫出機器人的脖子

畫出機器人的頭

畫出機器人的眼睛

畫出機器人的嘴巴

程式結束

# 畫長方形

讓我們先從匯入 turtle 模組開始，利用這個模組自訂一個函式，幫助我們畫出長方形。

**1** 建立新檔
請開啟 IDLE 工具，建立新檔並且將檔案名稱 儲 存 為『robot_builder.py』。

Close（關閉）
Save（儲存檔案）
Save As...（另存新檔）
Save Copy As...（儲存複本）

**2** 匯入 turtle 繪圖模組
請在程式第一行輸入右邊這行程式碼 `import turtle as t`，目的是讓我們能使用 turtle 繪圖模組的函式，而且每次呼叫函式時，不用輸入模組的全名「turtle」，只要輸入簡稱『t』，這有點像我們暱稱某個人的名字 Benjamin 為「Ben」。

```
import turtle as t
```

將 turtle 模組簡稱為『t』。

Python 和其他程式語言一樣，採用美語的拼法「color」。

**3** 建立函式 rectangle()
匯入模組後，我們要建立一個函式，負責畫機器人身體各部分的方塊，再依序組成一個機器人。這個函式有三個參數：長方形的長、寬和顏色。我們會在函式裡建立一個迴圈，每次執行迴圈時會畫一邊的長和一邊的寬，所以要畫一個長方形要執行兩次迴圈。請在步驟 2 的程式碼下面，輸入右邊這幾行粗體字程式碼。

```
def rectangle(horizontal, vertical, color):
    t.pendown()
    t.pensize(1)
    t.color(color)
    t.begin_fill()
    for counter in range(1, 3):
        t.forward(horizontal)
        t.right(90)
        t.forward(vertical)
        t.right(90)
    t.end_fill()
    t.penup()
```

放置 turtle 畫筆，準備開始畫畫。

range(1,3) 設定迴圈要執行兩次。

這段迴圈程式碼會畫出一個長方形。

turtle 畫筆依照右邊的順序，畫出長方形的每一邊。

收起 turtle 畫筆，停止畫畫。

（長方形示意圖：1 在上方，2 在右方，3 在下方，4 在左方）

## 畫筆模式

turtle 繪圖模組預設的畫筆模式是標準模式，所以 turtle 畫筆一開始在螢幕裡的位置是面向右邊。如果將 turtle 畫筆的方向（heading）設成 0，畫筆會指向螢幕正右方；設成 90，指向螢幕正上方；設成 180，指向螢幕正左方；設成 270，則指向螢幕正下方。

（方向示意圖：90 在上，180 在左，0 在右，270 在下）

turtle 畫筆的預設形狀通常為箭頭，這行程式碼是把畫筆形狀改成小烏龜。

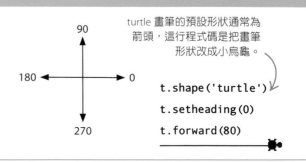

```
t.shape('turtle')
t.setheading(0)
t.forward(80)
```

**4** **設定視窗的背景顏色**

接著，我們要設置 turtle 畫筆，準備開始畫畫。在設定視窗的背景顏色之前，我們必須先收起 turtle 畫筆，小烏龜才不會在我們叫它畫畫之前就到處亂跑，等程式將它放到機器人腳部的起點（步驟 5）才會開始畫畫。請在步驟 3 寫好的程式碼下，輸入以下這幾行程式碼。

收起 turtle 畫筆。

設定 turtle 畫筆的移動速度為『slow』（慢）。

```
t.penup()
t.speed('slow')
t.bgcolor('Dodger blue')
```

設定視窗背景顏色為『Dodger blue』（道奇藍）。

# 產生機器人

現在，我們要開始產生機器人了。從機器人的腳部開始畫起，然後一塊接一塊地往上畫機器人身體的其他部位。整個機器人是由不同大小和顏色的長方形組成，在 turtle 繪圖視窗裡，每個長方形的繪圖的起點都不一樣。

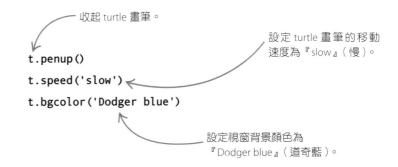

我要打造這麼酷的機器人！

**5** **繪製機器人的腳部**

程式必須將 turtle 畫筆移到要開始畫第一隻腳的起點，然後呼叫函式 **rectangle()** 畫機器人的腳部，畫完第一隻腳後，再以相同的做法畫第二隻腳。請在步驟 4 的程式碼下面，輸入以下這些程式碼，然後執行程式，看看視窗裡有沒有出現機器人的腳。

這行註解說明以下程式碼是負責畫機器人的哪個部分。

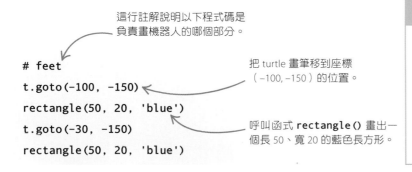

```
# feet
t.goto(-100, -150)
rectangle(50, 20, 'blue')
t.goto(-30, -150)
rectangle(50, 20, 'blue')
```

把 turtle 畫筆移到座標（−100, −150）的位置。

呼叫函式 **rectangle()** 畫出一個長 50、寬 20 的藍色長方形。

# turtle 座標

Python 會根據使用者的螢幕規格調整 turtle 繪圖視窗，不過，為了説明 turtle 座標，我們先舉右邊這個 400 像素 ×400 像素的視窗作為範例。Python 程式是以座標來判斷 turtle 畫筆在視窗裡的任何位置，這表示我們能根據兩個數字找到視窗裡的每個位置。第一個數字是 x 座標，表示 turtle 畫筆在距離中心點左邊或右邊多遠的位置；第二個數字是 y 座標，表示 turtle 畫筆在距離中心點上方或下方多遠的位置。座標的寫法是在括號裡先寫入 x 座標，再寫入 y 座標，像這樣的表示方法：(x, y)。

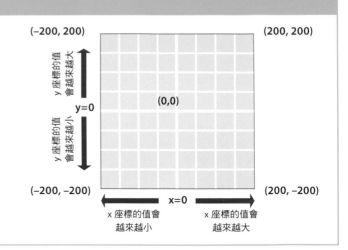

**6** **繪製機器人的腿部**
範例程式的下一步是讓 turtle 畫筆移到開始畫腿部的起點。請在步驟 5 的程式碼下面，輸入右邊這幾行程式碼，完成之後，請重新執行程式碼。

turtle 畫筆移動到座標（–25, –50）的位置。

```
# legs
t.goto(-25, -50)
rectangle(15, 100, 'grey')
t.goto(-55, -50)
rectangle(-15, 100, 'grey')
```

畫機器人的左腿。

畫機器人的右腿。

**7** **繪製機器人的身體**
請在步驟 6 的程式碼下，緊接著輸入右邊這幾行程式碼。執行程式後，應該會出現機器人的身體。

```
# body
t.goto(-90, 100)
rectangle(100, 150, 'red')
```

畫出一個長 150、寬 100 的紅色長方形。

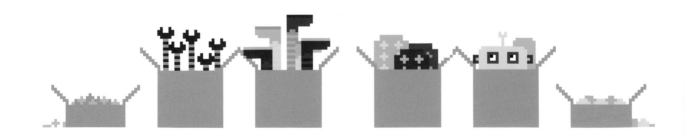

# 進階變化的技巧

順利完成範例程式後，可以參考以下這些改寫程式碼
的想法，自訂出你想要的機器人。

▽ **改變機器人的顏色**
雖然範例中的機器人已經相當五彩繽紛了，
不過一定還有改善的空間。你可以改變機器
人的顏色，搭配你的房間色調、最愛的美式
足球隊的隊服，或是創造身體每個部分都不
一樣的彩色機器人！右邊這幾個顏色是 turtle
模組內建的一些顏色名稱。

| | Lawn Green（草綠色） | Seashell（淺皮膚色） | Blue（藍色） |
| Purple（紫色） | Light Blue（淺藍色） | Yellow（黃色） |
| Goldenrod（土金色） | Hot Pink（桃紅色） | Thistle（淺紫色） |

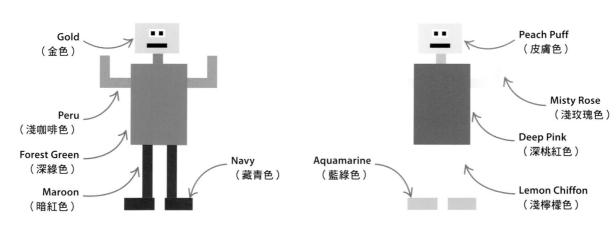

Gold（金色）
Peru（淺咖啡色）
Forest Green（深綠色）
Maroon（暗紅色）
Navy（藏青色）

Peach Puff（皮膚色）
Misty Rose（淺玫瑰色）
Deep Pink（深桃紅色）
Aquamarine（藍綠色）
Lemon Chiffon（淺檸檬色）

▷ **改變機器人的臉部表情**
你還可以重新安排機器人臉上的特徵，改變機器人
臉上的表情。請參考右邊的程式碼，將機器人的眼
睛和嘴巴弄成搖搖晃晃的樣子。

好笑的眼睛

把機器人左邊的
瞳孔往下移。

歪歪的
嘴巴

```
# eyes
t.goto(-60, 160)
rectangle(30, 10, 'white')
t.goto(-60, 160)
rectangle(5, 5, 'black')
t.goto(-45, 155)
rectangle(5, 5, 'black')

# mouth
t.goto(-65, 135)
t.right(5)
rectangle(40, 5, 'black')
```

移動機器人右邊的瞳孔，
看起來就好像機器人正在
轉動它的眼睛。

將 turtle 畫筆稍微面向
右下，這能讓機器人的
嘴巴傾斜。

▷ **小幫手**
右邊的程式碼是讓機器人裝上 U 形把手。你當然可以重新設計形狀，讓機器人的手裝上鉤子、鉗子或任何你喜歡的東西。奔馳你的想像力，創造出自己的機器人！

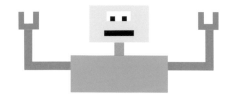

```
# hands
t.goto(-155, 130)
rectangle(25, 25, 'green')
t.goto(-147, 130)
rectangle(10, 15, t.bgcolor())
t.goto(50, 130)
rectangle(25, 25, 'green')
t.goto(58, 130)
rectangle(10, 15, t.bgcolor())
```

先畫綠色的正方形，作為機器人 U 型把手的主要部分

再畫跟背景一樣顏色的小正方形，做出把手的形狀。

---

# 一次畫多個手臂

把手臂分成好幾個部分來畫，會很難改變手臂的位置或增加額外的手臂。在這個修改技巧裡，我們要寫一個新函式，讓我們能一次畫多個手臂。

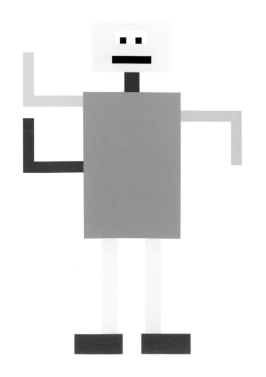

**1　建立函式 arm()**
首先，增加一個新函式 arm()，負責畫手臂的形狀和為手臂上色。

```
    t.end_fill()
    t.penup()

def arm(color):
    t.pendown()
    t.begin_fill()
    t.color(color)
    t.forward(60)
    t.right(90)
    t.forward(50)
    t.right(90)
    t.forward(10)
    t.right(90)
    t.forward(40)
    t.left(90)
    t.forward(50)
    t.right(90)
    t.forward(10)
    t.end_fill()
    t.penup()
    t.setheading(0)
```

幫下面這些程式碼畫出來的形狀上色。

設定顏色。

turtle 畫筆會依照這些命令畫出手臂。

停止幫形狀上色。

重設 turtle 畫筆，讓它面向螢幕右方。

## 2 為機器人增加手臂

接著，請將原本在註解 #arms 和註解 #neck 之間的程式碼，換成以下的粗體字程式碼。這個程式碼利用函式 arm() 一口氣畫了三隻手臂。

```
# arms
t.goto(-90, 85)
t.setheading(180)
arm('light blue')

t.goto(-90, 20)
t.setheading(180)
arm('purple')

t.goto(10, 85)
t.setheading(0)
arm('goldenrod')
```

設定 turtle 畫筆的方向，讓它指向機器人的右邊，也就是指向視窗的左邊。

呼叫函式 arm()，畫一隻藍色的手臂。

設定 turtle 畫筆的方向，讓它指向機器人的左邊，也就是指向視窗的右邊。

### ▽ 移動機器人的手臂

既然我們已經能一口氣畫出一個完整的手臂，現在要來改變手臂的位置，讓機器人看起來像是在抓抓它的頭，或是跳蘇格蘭高地舞！我們要呼叫函式 setheading() 來幫助我們實現這個想法，turtle 畫筆開始畫手臂前，要先改變畫筆面對的方向。

```
# arms
t.goto(-90, 80)
t.setheading(135)
arm('hot pink')

t.goto(10, 80)
t.setheading(315)
arm('hot pink')
```

設定 turtle 畫筆的方向，讓它指向視窗的左上方。

呼叫函式 arm() 畫右手臂。

設定 turtle 畫筆的方向，讓它指向視窗的右下方。

呼叫函式 arm() 畫左手臂。

我能再跳一支舞嗎？

---

### 程式高手秘笈

## 反覆試驗，從錯誤中學習

當你想設計一個機器人或是在目前的機器人身上新增一些特徵，可能需要多花點時間反覆試驗，從錯誤中不斷學習，才能獲得想要的結果。如果在程式碼 **t.speed('slowest')** 下面，新增這兩行程式碼：**print(t.window_width())** 和 **print(t.window_height())**，執行程式後會看到，Python 在 Shell 視窗裡顯示 turtle 繪圖視窗的高和寬，以網格方格紙的方式呈現視窗背景，有助於你計算機器人身體組成裡每個部分的座標。

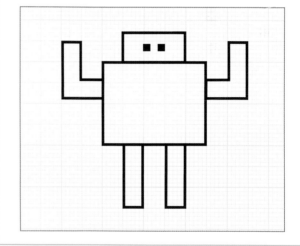

# 螺旋萬花筒

只要幾行簡單的程式碼就能寫出好程式，
同樣地，簡單的形狀也能形成複雜的圖形。
「螺旋萬花筒」這個範例結合了形狀和顏色，
帶我們創作出值得展示在藝廊的數位藝術
大作！

每個圓形的大小和顏色
都不一樣。

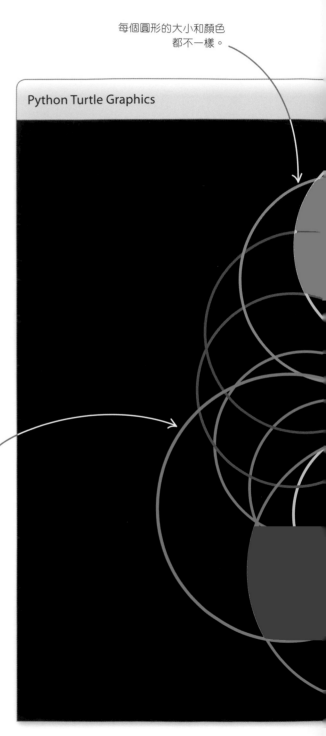

Python Turtle Graphics

## 範例說明

這個範例程式使用 Python 的 turtle 繪圖模組，在螢
幕上畫出一個又一個的圓形，每畫完一個圓形，程
式會改變下一個圓形的位置、角度、顏色和大小，
最後逐漸形成一種變化模式。

範例程式隱藏了
turtle 畫筆，
所以畫圓形時螢幕上
看不到畫筆。

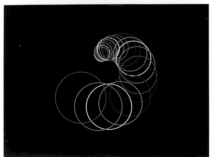

△ 千變萬化的螺旋體
一個又一個不斷變換位置的圓形，相互交
疊後就像是從螢幕中心蜿蜒伸展出來的螺
旋體。

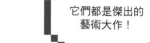

它們都是傑出的
藝術大作！

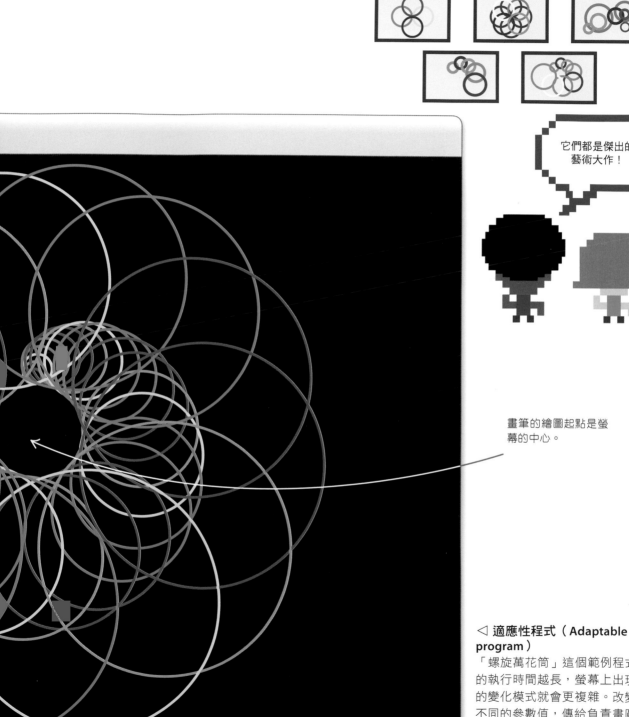

畫筆的繪圖起點是螢
幕的中心。

◁ **適應性程式（Adaptable
program）**
「螺旋萬花筒」這個範例程式
的執行時間越長，螢幕上出現
的變化模式就會更複雜。改變
不同的參數值，傳給負責畫圓
形的函式，甚至能創作出不可
思議的驚人變化。

# 程式技巧

我們在這個範例中會用到 turtle 繪圖模組和一個聰明的迴圈技巧，將圓形一個一個地互相疊在一起，最後形成一個螺旋體。程式每次畫完一個圓形，負責畫圓形的程式碼會略為增加參數的值，讓每次畫的新圓形和上一次畫的不一樣，形成更多有趣的模式。

```
程式高手秘笈
```

## 循環

為了讓變化模式更五彩繽紛，這個範例用了 **itertools**（迭代）模組的函式 **cycle()**。函式 **cycle()** 能讓程式重複循環使用清單裡的各種顏色，每次畫圓形時都能輕鬆使用不同的畫筆顏色。

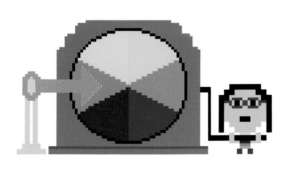

## 來畫畫吧！

第一步是在螢幕上畫一個簡單的圓形，接著就是重複畫圓，但每畫一個新的圓形都要做一點改變。最後一步是修改程式碼，讓變化模式更五彩繽紛、更有趣。

**1** 建立新檔
請開啟 IDLE 工具，建立新檔並且將檔案名稱儲存為『kaleido-spiral.py』。

▽ 程式流程圖
這個範例程式先設定某些參數值在執行過程中保持不變（例如，turtle 畫筆的移動速度），然後執行迴圈。每次執行迴圈會先選擇一個新的畫筆顏色、畫圓形、轉動和移動畫筆，然後重複迴圈。只有當程式停止時，迴圈才會停止。

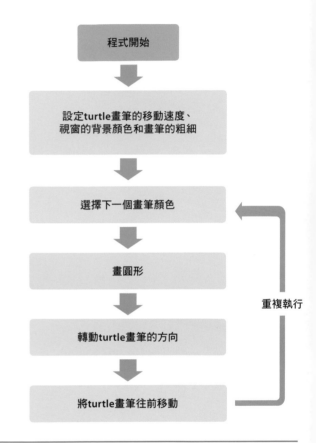

**2** 匯入 turtle 繪圖模組
首先，匯入 **turtle** 繪圖模組，這是範例程式會用到的主要模組。請在程式第一行輸入下面這行程式碼。

```
import turtle
```

載入整個 turtle 繪圖模組。

**3** 設定 turtle 參數值
右邊這幾行粗體字程式碼負責呼叫 **turtle** 繪圖模組的函式，設定視窗的背景顏色、畫筆的移動速度和粗細。

視窗的背景顏色

```
import turtle


turtle.bgcolor('black')
turtle.speed('fast')
turtle.pensize(4)
```

turtle 畫筆的移動速度

turtle 畫筆軌跡的粗細

**4** 選擇畫筆顏色 & 畫圓
接著，設定 turtle 畫筆移動軌跡的顏色，並且測試畫圓的程式碼。請在最後一行程式碼下面，新增右邊這兩行粗體字程式碼，然後執行程式。

```
import turtle


turtle.bgcolor('black')
turtle.speed('fast')
turtle.pensize(4)

turtle.pencolor('red')
turtle.circle(30)
```

turtle 畫筆顏色

指示 turtle 畫筆畫一個圓形。

**5** 畫出更多圓形
現在螢幕上只看到一個圓形，但我們需要更多圓形。這裡介紹一個聰明的技巧，就是在函式裡放一個命令，負責畫一個紅色圓形，不過，我們要再多加一行程式碼，讓函式自己呼叫自己，這項技巧稱為「遞迴」（recursion），能讓函式重覆執行。使用函式之前，記得一定要先定義函式，所以必須將定義函式的程式碼移到呼叫函式的程式碼之前。

```
import turtle


def draw_circle(size):
    turtle.pencolor('red')
    turtle.circle(size)
    draw_circle(size)

turtle.bgcolor('black')
turtle.speed('fast')
turtle.pensize(4)
draw_circle(30)
```

這行程式碼使用了參數 size。

函式自己呼叫自己，變成無窮迴圈。

程式碼第一次呼叫函式。

哈囉，請問「函式」在嗎？

### 程式高手秘笈

## 遞迴（Recursion）

函式自己呼叫自己的情況，稱為「遞迴」，這是在程式裡設計迴圈的另一種方法。在大部分使用遞迴的情況裡，每次呼叫函式都會改變參數值。例如，在範例程式中，每當函式自己呼叫自己時，都會改變圓形的大小、角度和位置。

他又自己打給自己了！

**6** 測試程式碼

請執行程式，應該會看到 turtle 畫筆重複地畫出相同的圓形。別擔心，我們會在下一步修正這個情況。

哇！

哇！

**7** 改變圓形的顏色，增加圓形的大小

為了創造出更多讓人興奮的變化模式，我們要在程式碼裡加入以下粗體字部分的程式碼，目的是增加圓形的大小和改變圓形的顏色。這段程式碼使用了函式 **cycle()**，傳入一串顏色名稱作為參數值，然後回傳一個特別型態的資料清單；呼叫函式 **next()** 就能循環使用這個清單裡的顏色。請再次執行程式碼。

```
import turtle
from itertools import cycle


colors = cycle(['red', 'orange', 'yellow', 'green', 'blue', 'purple'])


def draw_circle(size):
    turtle.pencolor(next(colors))
    turtle.circle(size)
    draw_circle(size + 5)

turtle.bgcolor('black')
turtle.speed('fast')
turtle.pensize(4)
draw_circle(30)
```

匯入函式 **cycle()**。

這行程式碼是負責建立顏色的循環清單。

循環使用清單裡的下一個顏色。

將之前畫圓形用的大小加 5。

**8** 改良變化的模式
最後，我們要改變圓形的顏色和大小，變化出更多模式，你也
可以試試各種不同的改良方法。現在，讓我們在畫每個圓形時，
改變角度和位置，創造出好笑的扭曲螺旋體。請參考以下的粗
體字程式碼進行修改，然後執行程式，看看會產生什麼結果。

別忘了儲存
你的工作成果。

```python
def draw_circle(size, angle, shift):
    turtle.pencolor(next(colors))
    turtle.circle(size)
    turtle.right(angle)
    turtle.forward(shift)
    draw_circle(size + 5, angle + 1, shift + 1)


turtle.bgcolor('black')
turtle.speed('fast')
turtle.pensize(4)
draw_circle(30, 0, 1)
```

→ 新增這兩個參數。

→ 順時針轉動 turtle 畫筆方向。

→ 將 turtle 畫筆往前移動。

→ 每畫一個新的圓形
就增加圓形的角度和位移。

→ 設定新參數的初始值。

# 進階變化的技巧

一切都順利運作後，可以多玩玩程式碼，讓程式變化
出來的模式更加精彩迷人。

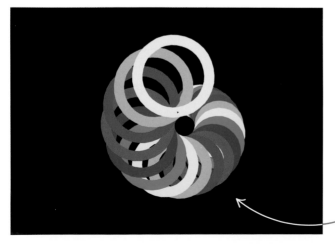

◁ **加粗畫筆**
試著增加 turtle 畫筆的大小，看看模
式會出現什麼變化。在下面的程式
碼裡，我們將原本的參數值 4 改成
40，模式會變成怎樣呢？

```python
turtle.pensize(40)
```

增加 turtle 畫筆的大小時，
程式會畫出更粗的圓形。

```
def draw_circle(size, angle, shift):
    turtle.bgcolor(next(colors))
    turtle.pencolor(next(colors))
    turtle.circle(size)
    turtle.right(angle)
    turtle.forward(shift)
    draw_circle(size + 5, angle + 1, shift + 1)


turtle.speed('fast')
turtle.pensize(4)
draw_circle(30, 0, 1)
```

改成在迴圈裡設定
背景顏色。

◁ **瘋狂變換顏色**
如果每次執行迴圈都改變視窗的背景
顏色和 turtle 畫筆顏色,會怎麼樣呢?
可能會看到一些瘋狂的結果!想要每
次改變視窗的背景顏色,就把設定背
景顏色的程式碼搬到函式 **draw_
circle()** 裡,每次執行迴圈時,從
顏色循環清單選擇一個新顏色。

▽ **找尋新的變化模式**
程式每次呼叫函式時,用了多少參數,會決定圖形變化的模式。
試著增加或減少圓形的大小、位移和 turtle 畫筆的角度,看看這
些改變能為圖形變化的模式帶來怎樣的影響。

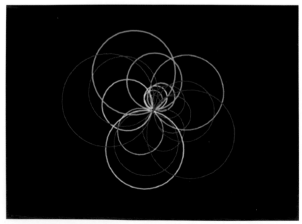

**Size +10, angle +10, shift +1**
(圓形大小加 10、畫筆角度加 10、圓形位移加 1)

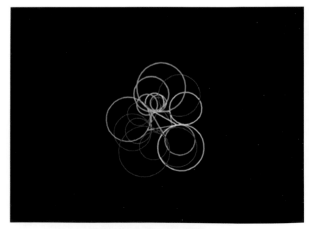

**Size +5, angle −20, shift −10**
(圓形大小加 5、畫筆角度減 20、圓形位移減 10)

我能快速改變這些形狀！

改變程式碼，加入不同的形狀。

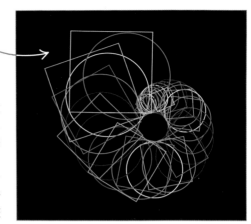

### ▽ 改變形狀

如果程式不只畫圓形，同時還畫其他形狀，圖形模式會產生什麼變化呢？將程式修改為每隔一段時間就出現一個正方形，説不定能創造出有趣的新模式。請參考以下這些程式碼，或許能派上用場。請注意，負責畫圖形的函式名稱改變了！

```python
import turtle
from itertools import cycle


colors = cycle(['red', 'orange', 'yellow', 'green', 'blue', 'purple'])


def draw_shape(size, angle, shift, shape):
    turtle.pencolor(next(colors))
    next_shape = ''
    if shape == 'circle':
        turtle.circle(size)
        next_shape = 'square'
    elif shape == 'square':
        for i in range(4):
            turtle.forward(size * 2)
            turtle.left(90)
        next_shape = 'circle'
    turtle.right(angle)
    turtle.forward(shift)
    draw_shape(size + 5, angle + 1, shift + 1, next_shape)

turtle.bgcolor('black')
turtle.speed('fast')
turtle.pensize(4)
draw_shape(30, 0, 1, 'circle')
```

新增參數 shape。

這個迴圈會執行四次，每次畫一個正方形的邊長。

旋轉 turtle 畫筆。

移動 turtle 畫筆向前。

turtle 畫筆會交替畫圓形和正方形。

第一個形狀是圓形。

# 星星萬花筒

讓漂亮的星星填滿你的螢幕吧！這個範例會帶我們使用 Python 的 turtle 繪圖模組，畫出各種形狀的星星。程式會產生不同顏色、大小、形狀變化的星星，隨機散布在螢幕上。

執行程式後會開啟一個新的 turtle 繪圖視窗。

turtle 繪圖程式畫出一個又一個的星星。

## 範例說明

首先，範例程式畫出夜晚時分的天空，然後在夜空中出現一顆孤獨閃耀的星星。繼續執行程式，天空會開始布滿越來越多各式各樣、不同風格的星星。程式執行的時間越久，夜晚的星空也將變得更迷人、更多彩。

### 程式高手秘笈

## 混合顏色

電腦螢幕上的圖形和圖案都是由迷你的小點點組成，這些小點點稱為「像素」（pixel），每個像素會發出三種顏色的光，有紅色、綠色和藍色。將這些顏色相互混合在一起，能變出任何你想像中的顏色。在這個範例中，程式以三個數字儲存每個星星的顏色，分別代表紅光、綠光和藍光的強弱程度，再以這三個數值組成最後的顏色。

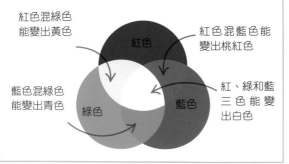

紅色混綠色能變出黃色

紅色混藍色能變出桃紅色

藍色混綠色能變出青色

紅、綠和藍三色能變出白色

紅色　藍色　綠色

Python Turtle Graphics

我在看星星！

你可以選擇任何喜歡的顏色作為星空的背景，不過，選擇深色系、暗色系的背景顏色，或是像範例中使用的深藍色，能讓星星看起來更亮眼。

turtle 繪圖模組的畫筆正在畫一顆星星，星星完成後，程式會將這個星星填滿顏色。

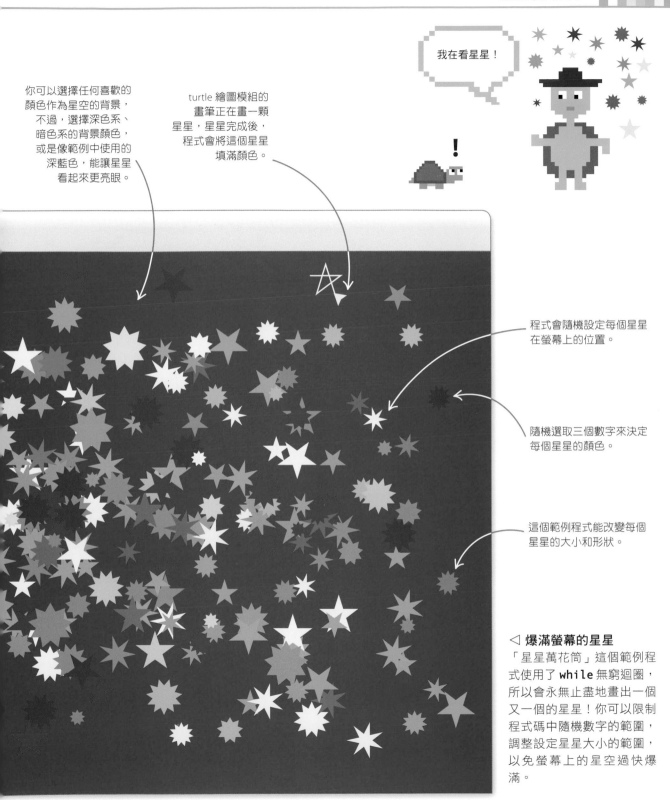

程式會隨機設定每個星星在螢幕上的位置。

隨機選取三個數字來決定每個星星的顏色。

這個範例程式能改變每個星星的大小和形狀。

◁ **爆滿螢幕的星星**

「星星萬花筒」這個範例程式使用了 **while** 無窮迴圈，所以會永無止盡地畫出一個又一個的星星！你可以限制程式碼中隨機數字的範圍，調整設定星星大小的範圍，以免螢幕上的星空過快爆滿。

## 程式技巧

這個範例的目的是開啟一個 turtle 繪圖視窗，隨機設定星形出現的位置，然後在視窗裡畫出星形。程式部分會先建立一個函式，負責畫單顆星星，再寫一個迴圈，重複執行這個函式，這樣就能在螢幕上隨機畫出大量又多樣的星星。

▽ **程式流程圖**

這個範例程式的流程很簡單，因為程式不用問問題，也不需要做決定。turtle 畫筆畫出第一顆星星後，程式只要不斷地運行迴圈，重覆執行畫星星的步驟，直到使用者關閉程式為止。

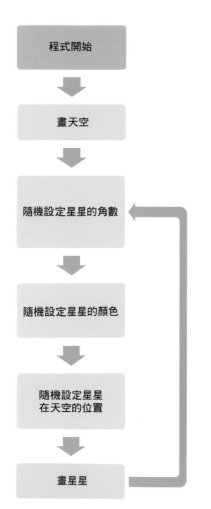

程式開始
↓
畫天空
↓
隨機設定星星的角數
↓
隨機設定星星的顏色
↓
隨機設定星星在天空的位置
↓
畫星星

> 201, 202, 203...
> 噢，我覺得少數了一顆！

> 你要不要試試看用迴圈幫你數？

◁ **計算星星**

在清澈無雲的夜空裡，通常能看到 4,500 顆左右的星星。如果想在我們的程式裡畫出這麼多顆星星，程式至少需要執行三個小時以上！

## 畫出第一顆星星

在我們建立自己的函式之前，必須先學會如何使用 **turtle** 模組畫出一顆星星。等熟練這個技巧後，就能完成這個範例中剩餘的程式碼。

**1** **建立新檔**
開啟 IDLE 工具，點擊工具列的『File』（檔案），選擇『New File』（新增檔案），將檔案名稱儲存為『starry_night.py』。

**2** **匯入 turtle 繪圖模組**
在編輯視窗裡輸入右邊這一行程式碼，目的是載入 **turtle** 繪圖模組，準備開始畫星星。

```
import turtle as t
```

↖ 載入 **turtle** 繪圖模組。

**3** **撰寫一些指令**

請在匯入 **turtle** 繪圖模組的程式碼下面，新增右邊這一段粗體字程式碼。目的是產生變數，負責設定星星的大小和形狀，以及指示 turtle 畫筆如何在視窗裡移動，畫出星星。

這個變數是形成一個星形所需的每個內角度數。

```
import turtle as t

size = 300
points = 5
angle = 144

for i in range(points):
    t.forward(size)
    t.right(angle)
```

這些指令是負責設定星星的數量和形狀。

**for** 迴圈負責讓 turtle 畫筆執行相同的動作，重覆畫出星星的每個角。

**4** **試畫一顆星星**

請點擊 IDLE 上方工具列的『Run』（執行），選擇『Run Module』（執行程式），測試我們剛剛寫的範例程式。執行成功的話，會出現 turtle 繪圖視窗（可能會隱藏在別的視窗背後），看到箭頭形狀的 turtle 畫筆，畫出我們的第一顆星星。

箭頭形狀的 turtle 畫筆在視窗裡移動，每次移動都會畫出組成星星的線條。

一次只畫組成星星的一條線。

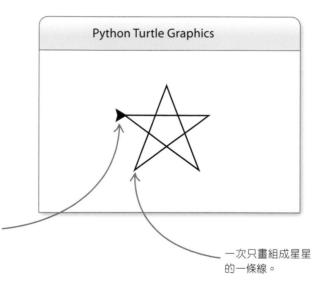

Python Turtle Graphics

別忘了儲存你的工作成果。

**5** **新增角度計算器**

我們有第一顆星星了，但如果能畫出各種不同形狀的星星，一定能讓星空更加閃耀。請依照右邊粗體字部分的程式碼修改，不論我們想畫幾角星，程式都能幫我們計算 turtle 畫筆畫星星時需要轉彎的角度。

星形的內角度取決於每個星星有幾個角。

```
import turtle as t

size = 300
points = 5
angle = 180 - (180 / points)

for i in range(points):
    t.forward(size)
    t.right(angle)
```

**6** 上色！
好啦，我們畫了一個漂亮又簡單的星星，但是它看起來卻有點黯淡無光，讓我們幫它加上一點顏色，讓它更有吸引力。請參照右邊的程式碼修改，把星星著色成黃色。

**7** 執行範例程式
執行成功後，turtle 畫筆會畫出一顆黃色星星。請編輯程式碼，看看是否能改變星星的顏色。

超亮！

```
import turtle as t

size = 300
points = 5
angle = 180 - (180 / points)


t.color('yellow')
t.begin_fill()
 for i in range(points):
     t.forward(size)
     t.right(angle)


t.end_fill()
```

設定星星的顏色為黃色。

幫星星著色。

**8** 畫出各種形狀的星星
修改變數 **points** 的值，也就是改變等號後面的數字，你會發現我們的程式其實能畫出各種不同形狀的星星。請注意，這個範例程式碼只適用於有奇數角的星星，無法畫出有偶數角的星星。

五角星      七角星      十一角星

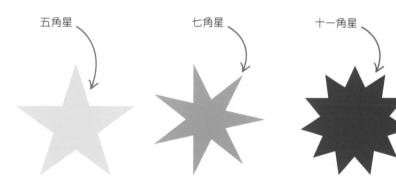

**程式高手秘笈**

## 腦洞大開的星星

在某些電腦上執行這個畫星星的程式，出來的效果可能會和範例結果不太一樣，甚至可能在星星中間出現一個空洞。Python 的 turtle 繪圖效果會因為我們使用的電腦類型而有所差異，但不代表我們寫的程式碼有錯。

別忘了儲存你的工作成果。

# 畫出星空

熟悉前面這些畫星星的技巧後，下一步就是將這些畫
星星的指令封裝成 Python 函式，然後使用這個函式，
畫出佈滿星星的夜空。

我想
我剛發現
螃蟹星雲了！

函式 **draw_star()** 使用了五個參
數，分別用於定義星星的形狀、
大小、顏色和出現的位置。

**9** **建立畫星星的函式**
請依照右邊的粗體字程式碼，編輯我
們目前的程式碼。這個新版本的程式
碼幾乎換掉了目前所有的內容，將所
有畫星星的指令封裝成一個區塊的程
式碼，整理成一個函式。修改之後，
主程式只需要一行程式碼 **draw_
star()**，就能畫出一顆星星。

這行以「#」符號開頭的「註解」，
Python 執行程式時不會把它當作
程式碼的一部分。這就像盒子上的
標籤，目的是幫助我們了解程式。

呼叫（執行）函式。

```python
import turtle as t


def draw_star(points, size, col, x, y):
    t.penup()
    t.goto(x, y)
    t.pendown()
    angle = 180 - (180 / points)
    t.color(col)
    t.begin_fill()
    for i in range(points):
        t.forward(size)
        t.right(angle)
    t.end_fill()

# Main code
t.Screen().bgcolor('dark blue')
draw_star(5, 50, 'yellow', 0, 0)
```

x、y 座標值負責設定星星
在螢幕上出現的位置。

設定視窗背景顏色為
『dark blue』（深藍色）。

turtle 畫筆在視窗的中心位置，
畫出一個大小為 50 的
黃色五角星。

**10** **執行範例程式**
執行後，turtle 畫筆會在深藍色的
背景裡，畫出一個黃色星星。

Python Turtle Graphics

**新手必學技巧**

## 註解（Comment）

程式設計師經常會在程式碼裡寫註解，用意是提醒自己程式裡
各個部分負責的工作內容，或是說明專案裡棘手的部分。
Python 程式碼裡的註解文字必須以「#」開頭，Python 執行程
式時，會忽略跟「#」同一行的內容，不會把這些文字當作程
式碼的一部分。在專案程式碼裡寫上註解（例如，上面這段程
式碼裡的 **#Main**），當我們過一陣子又回頭來看程式碼的時候，
真的會非常有幫助。

**11** 加入隨機數字
接著,我們要在程式碼裡加入隨機數字,把東西混在一起。請在匯入 **turtle** 繪圖模組的程式碼下面,輸入右邊這行粗體字程式碼,目的是從 Python 的 **random** 模組匯入函式 **randint()** 和 **random()**。

```python
import turtle as t
from random import randint, random


def draw_star(points, size, col, x, y):
```

**12** 建立迴圈
請參照右邊的粗體字程式碼,修改註解 **#Main code** 下面的內容,目的是新增一個 **while** 迴圈,持續隨機設定各個參數值,用於改變每個星星的大小、形狀、顏色和出現的位置。

ranPts 這一行程式碼是負責限制星星的角數只能是 5 到 11 裡的奇數。

還要改變這一行主程式裡的程式碼。現在呼叫函式 draw_star() 時,會改用 while 迴圈裡隨機產生的變數值。

```python
# Main code
t.Screen().bgcolor('dark blue')

while True:
    ranPts = randint(2, 5) * 2 + 1
    ranSize = randint(10, 50)
    ranCol = (random(), random(), random())
    ranX = randint(-350, 300)
    ranY = randint(-250, 250)

    draw_star(ranPts, ranSize, ranCol, ranX, ranY)
```

**13** 再次執行範例程式
現在,turtle 畫筆會不斷地畫出一顆又一顆、各種顏色、形狀和大小的星星,慢慢地填滿視窗。

Python Turtle Graphics

turtle 畫筆隨機畫出星星。

**新手必學技巧**

## 隱藏 turtle 畫筆

如果不想在螢幕上看到 turtle 畫筆,記得用下面這個命令隱藏畫筆。在程式裡加入這一行粗體字程式碼,就會有一隻看不見的 turtle 畫筆,讓視窗神奇地變出星星!

```python
# Main code
t.hideturtle()
```

哇!

# 進階變化的技巧

現在你可以根據需要創造星星，何不將函式 draw_star()
用在你的專案裡呢？參考我們提供的這些想法吧。

一切都在我
老鼠大王的
控制之下！

【英文小教室】
本書幽默地將「mouse」
設計成雙關語：滑鼠 /
老鼠。

### ▷ 「按」出星星

在我們原本寫的程式裡，turtle 畫
筆是隨機亂畫星星，可以改成每
當使用者按一下滑鼠，函式
turtle.onScreenClick() 才
畫一顆星星。

### △ 增加星星的變化性

想讓星星看起來更多樣化，可以調整 while 迴
圈裡的變數 ranPts 和 ranSize，改變括號裡
的數字。

### ▽ 設計星座

星座就是星星在夜空裡排出的形狀，試
著自己設計一個星座吧。首先，為星座
裡的每顆星星產生座標值 (x, y)，建立位
置清單；然後，利用 for 迴圈，在這些
位置上畫出星星。

### ▽ 加快 turtle 畫筆的移動速度

建立函式 speed()，改變 turtle 畫筆畫星星的速
度。只要在主程式開頭加入 t.speed(0)，就能帶
給 turtle 畫筆更多的活力和速度。點擊 IDLE 視窗上
方工具列的『Help』(說明)，就能了解 turtle 繪
圖模組裡所有函式的用法。

我畫很快！

我們迷路了！你必
須出去問路⋯

試著幫你的星球加一些
光環。

有人在這附近看
到一顆星球嗎？

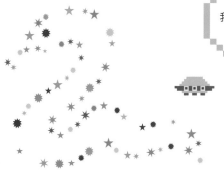

```
def draw_planet(col, x, y):
    t.penup()
    t.goto(x, y)
    t.pendown()
    t.color(col)
    t.begin_fill()
    t.circle(50)
    t.end_fill()
```

### ▷ 畫幾顆星球

研究一下函式 turtle.circle()，看
看是不是能用這個函式，改成畫星球的
程式碼。右邊這段程式碼能幫助你有個
好的開始。

# 突變的彩虹萬花筒

使用 Python 的 turtle 繪圖模組，你的程式也能畫出各種類型的設計，但是，請小心！要是像這個範例中的爆走小烏龜一樣到處亂畫，可就沒辦法在天空中看到像平常一樣的彩虹喔！

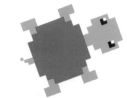

## 範例說明

這個範例程式讓我們選擇小烏龜畫線條的長度和粗細，小烏龜收到程式指令後，會在螢幕上快速滑動，畫出各種多彩的線條，直到我們停止程式為止。根據我們設定的線條長度和粗細，會出現各種不同類型的圖案。

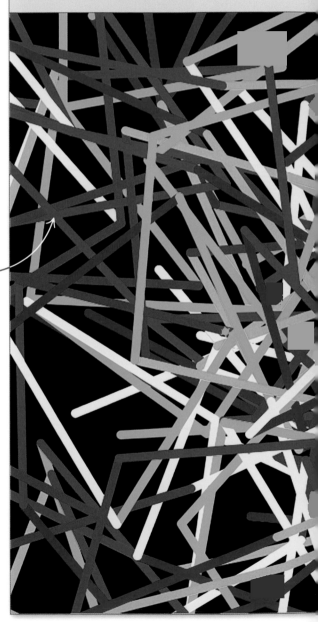

**Python Turtle Graphics**

小烏龜抓著一隻「畫筆」，
在視窗上到處移動，
畫出各種線條。

### 程式高手秘笈

## 下次是哪個顏色？

「突變的彩虹萬花筒」會教我們使用 Python 的 **random** 模組的內建函式 **choice()**，目的是隨機選取一個顏色，再讓 turtle 畫筆用這個顏色畫線，因此，我們無法預測畫筆每次會用哪個顏色畫線。

```
t.pencolor(random.choice(pen_colors))
```

turtle 模組的函式會幫我們
從清單 pen_colors 的六個顏色裡，
隨機挑選其中一個顏色。

這只是眾多彩虹裡的一種！

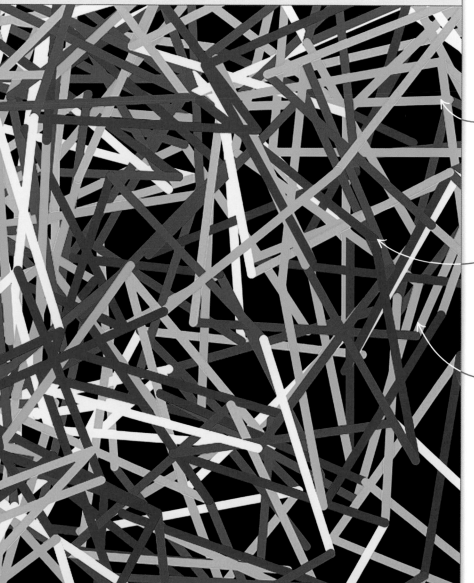

turtle 畫筆畫出各種綠色、紅色、橘色、黃色、藍色和紫色的線條。

turtle 畫筆會向右轉 0 到 180 度，再開始畫線。

turtle 畫筆使用函式 line_length()，畫出各種長短、粗細不同的線條。

◁ **畫筆本身顯示的顏色**
這個範例程式使用了無窮迴圈 **while**，所以 turtle 畫筆會一直不斷地畫線，直到使用者關閉視窗為止。我們不只能改變線條的顏色、粗細和長短，還能改變 turtle 畫筆本身的形狀、顏色和繪圖速度。

# 程式技巧

每次執行這個範例，出現的模式都不一樣。因為程式告訴 turtle 畫筆在畫每一條線之前，都先隨機選擇一個新方向，改變畫筆面對的方向；每一條線的顏色當然也會從我們已經寫好的顏色清單裡，隨機選取其中一個顏色。因此，我們永遠無法真正預測出畫筆會畫出什麼！

▽ **程式流程圖**

這個範例程式使用無窮迴圈，只要程式還在執行，就會不斷地畫出各種彩色的線。唯有使用者關閉視窗，turtle 畫筆才會停止它四處遊蕩的瘋狂行為。

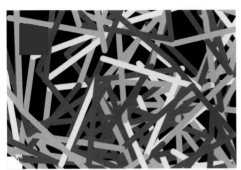

指定線的長、寬為長、粗（long, thick）

指定線的長、寬為中、細（medium, thin）

指定線的長、寬為短、超粗（short, super thick）

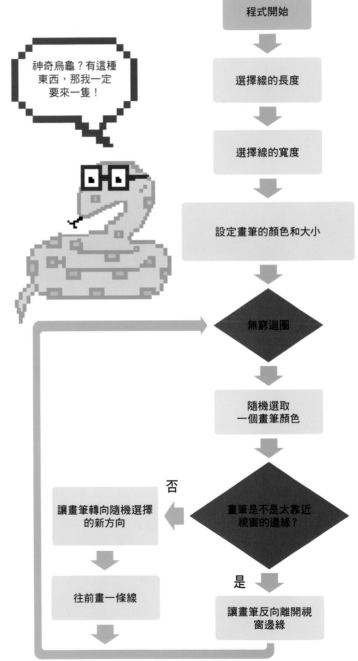

停在原地！
別動！

◁ **失控的小烏龜！**
如果讓 turtle 畫筆完全自由地隨便亂畫，很容易就會跑出視窗。因此，當我們把程式碼組合在一起時，還要再加入一些程式碼，負責檢查 turtle 畫筆的位置，防止它跑到太偏遠的地方，否則，就會出現一個畫筆消失的範例程式！

# 準備工作

程式一開始要先建立和儲存新檔案，匯入程式需要的模組以及建立一堆有用的函式，幫我們取得玩家輸入的內容。

**1** **建立新檔**
請開啟 IDLE 工具，建立新檔並且將檔案名稱儲存為『rainbow.py』。

**2** **匯入模組**
請在程式碼第一行輸入以下這兩行程式碼，目的是匯入 **turtle** 和 **random** 模組。記得要使用 **import turtle as t**，這樣每次要用 turtle 模組裡的函式時，就不用再輸入模組的完整名稱「turtle」，只要輸入簡稱『t』。

```python
import random
import turtle as t
```

起點

**3** **指定線的長度**
接著，我們要建立一個函式，讓使用者決定 turtle 畫筆要畫長、中或短的線條。直到步驟 4 之前，我們都不會用到這個函式，但還是要在主程式用到之前，先準備好這個函式。請在步驟 1 的程式碼下面，輸入右邊的粗體字程式碼。

```python
import turtle as t


def get_line_length():
    choice = input('Enter line length (long, medium, short): ')
    if choice == 'long':
        line_length = 250
    elif choice == 'medium':
        line_length = 200
    else:
        line_length = 100
    return line_length
```

請使用者選擇線的長度。

將 **line_length** 的值回傳給呼叫這個函式的程式碼。

當使用者選擇短的線，**line_length** 的變數值會設成 100。

**4** **定義線的粗細**

在這一步，我們要建立一個函式，讓使用者選擇 turtle 畫筆的線是超粗、粗或細。和函式 **get_line_length()** 一樣，我們要到步驟 5 才會用到這個函式。請在步驟 3 的程式碼下面，加入右邊這段粗體字程式碼。

當使用者選擇細的線，**line_width** 的變數值會設成 10。

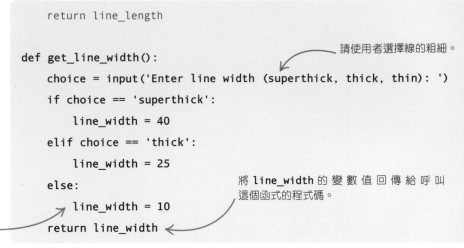

```
    return line_length


def get_line_width():
    choice = input('Enter line width (superthick, thick, thin): ')
    if choice == 'superthick':
        line_width = 40
    elif choice == 'thick':
        line_width = 25
    else:
        line_width = 10
    return line_width
```

請使用者選擇線的粗細。

將 **line_width** 的變數值回傳給呼叫這個函式的程式碼。

**5** **使用函式**

我們已經完成兩個函式，現在可以呼叫它們取得使用者輸入的內容，知道使用者選擇的長度和粗細。請在最後一行程式碼下面，輸入右邊的粗體字程式碼，然後記得要儲存檔案。

```
    return line_width


line_length = get_line_length()
line_width = get_line_width()
```

**6** **測試程式**

請執行程式，在 Shell 視窗裡檢查新函式的運作結果。視窗裡會出現文字，請使用者選擇線的長度和寬度。

使用者輸入的內容

```
Enter line length (long, medium, short): long
Enter line width (superthick, thick, thin): thin
```

# 召喚烏龜！

現在該寫主程式了。建立繪圖視窗，並且帶 turtle 畫筆畫一些東西。

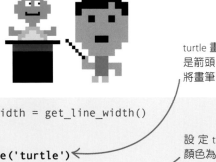

**7** **開啟視窗**

請在步驟 5 的程式碼下面，輸入右邊這幾行粗體字程式碼。目的是定義繪圖視窗的背景顏色和 turtle 畫筆的形狀、顏色和移動速度，以及畫線時的畫筆寬度。

設定 turtle 畫筆的寬度為使用者輸入的內容。

turtle 畫筆的標準形狀是箭頭，這行程式碼是將畫筆改成烏龜形狀。

```
line_width = get_line_width()


t.shape('turtle')
t.fillcolor('green')
t.bgcolor('black')
t.speed('fastest')
t.pensize(line_width)
```

設定 turtle 畫筆的顏色為綠色。

設定視窗背景顏色為黑色。

設定 turtle 畫筆的移動速度。

## 8 執行範例程式

請再執行一次程式碼。這次在 Shell 視窗裡輸入線的長短、粗細後，會開啟另外一個視窗，視窗裡有一隻小烏龜。趕快趁現在仔細看看，因為它不會像現在這樣靜止在原地太久！

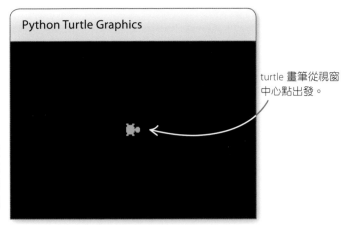

turtle 畫筆從視窗中心點出發。

## 9 保持在限制範圍內！

為了防止 turtle 畫筆離開視窗，我們要在距離視窗邊緣 100 步的距離處設定邊界，所以，這個函式的目的是檢查 turtle 畫筆是否落在邊界範圍內。請在步驟 4 和步驟 5 的程式碼之間，輸入下面這幾行粗體字程式碼。

```
        return line_width

def inside_window():
    left_limit = (-t.window_width() / 2) + 100
    right_limit = (t.window_width() / 2) - 100
    top_limit = (t.window_height() / 2) - 100
    bottom_limit = (-t.window_height() / 2) + 100
    (x, y) = t.pos()
    inside = left_limit < x < right_limit and bottom_limit < y < top_limit
    return inside

line_length = get_line_length()
```

左邊的邊界從視窗左邊往右算 100 步。

右邊的邊界從視窗右邊往左算 100 步。

上面的邊界從視窗上方往下算 100 步。

下面的邊界從視窗底部往上算 100 步。

如果 turtle 畫筆落在限制範圍內，變數 inside 設為 True（在範圍內），否則，設為 False（超出範圍）。

取得 turtle 畫筆目前的 x、y 座標值。

將變數 inside 的值回傳給呼叫這個函式的程式碼。

### ▷ 程式技巧

程式碼會檢查 turtle 畫筆的 x 座標是否落在左右邊界的限制範圍內，y 座標是否落在上下邊界的限制範圍內。

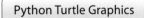

藍色方框是示意圖，說明邊界的限制範圍，但螢幕上看不到。

別忘了儲存你的工作成果。

# 移動烏龜！

最後一步，我們要寫函式讓 turtle 畫筆移動。範例程式碼的最後一部分是 **while** 迴圈，我們準備讓小烏龜出發，發射突變的彩虹！

現在請往前移動！

**10** **突變的線條**

請在步驟 9 的程式碼下面、步驟 5 的程式碼上面，輸入右下這段粗體字程式碼。這個函式的目的是讓 turtle 畫筆轉向，往新方向前進，並且以隨機選出的顏色，畫出一條線。主程式會反覆執行這些動作，畫出許多突變的彩虹。如果 turtle 畫筆超出我們在步驟 9 設定的邊界範圍，函式會將畫筆重新拉回限制範圍內。

▷ **程式技巧**

程式碼呼叫函式 **inside_window()**，檢查 turtle 畫筆是否在視窗的限制範圍內。如果還在，turtle 畫筆會隨機向右轉 0（完全不會動）到 180 度（面向相反的方向），然後再次出發去畫線；如果超出限制範圍，turtle 畫筆就會後退，退回正常的範圍內。

這個清單負責儲存畫筆能用的各種顏色。

如果需要將一行過長的程式碼分成兩行，請使用反斜線（\）字元。

```
    return inside


def move_turtle(line_length):
    pen_colors = ['red', 'orange', 'yellow', 'green', \
                  'blue', 'purple']
    t.pencolor(random.choice(pen_colors))
    if inside_window():
        angle = random.randint(0, 180)
        t.right(angle)
        t.forward(line_length)
    else:
        t.backward(line_length)


line_length = get_line_length()
```

隨機選一個畫筆顏色。

檢查 turtle 畫筆是否落在設定的限制範圍內。

turtle 畫筆會隨機向右轉某個角度。

隨機從 0 到 180 度中選一個角度。

如果超出限制範圍，turtle 畫筆就會往後退。

turtle 畫筆往前移動 **line_length** 步。

**11** **前進吧，小烏龜！**

最後，請加入右邊這兩行粗體字程式碼，才能讓我們的小烏龜真正地開始畫線。請在程式碼最後一行，也就是步驟 7 加入的命令下面，輸入右邊的粗體字程式碼。儲存並且執行程式，看看第一個突變彩虹！

執行無窮迴圈，讓 turtle 畫筆不停地畫線。

```
t.speed('fastest')
t.pensize(line_width)


while True:
    move_turtle(line_length)
```

turtle 畫筆畫出一條線。

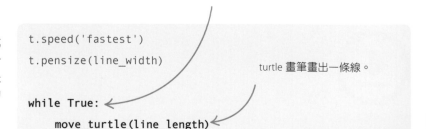

# 進階變化的技巧

覺得這個範例的彩虹夠怪嗎？不夠？那你可以試試
這裡的想法，讓它們變得更詭異！

▽ **精彩繽紛！**

Python 程式使用的顏色也是由 RGB 值組成，RGB 代表紅色、綠色
和藍色。如果程式隨機設定某個顏色組成裡紅色、綠色和藍色的
量，意味著會出現完全隨機的顏色。請試著將函式 **move_
turtle()** 裡原本的程式碼換成下面這個新的程式碼，目的是將
原本指定的顏色名稱，改成 RGB 值。現在，請執行程式碼，看看
會出現什麼顏色！

將這兩行
程式碼…

```
pen_colors = ['red', 'orange', 'yellow', 'green', 'blue', 'purple']
t.pencolor(random.choice(pen_colors))
```

…換成這五行程式碼

```
t.colormode(255)
red = random.randint(0, 255)
blue = random.randint(0, 255)
green = random.randint(0, 255)
t.pencolor(red, green, blue)
```

**程式高手秘笈**

## RGB 顏色

在 turtle 模組裡，「藍」色的 RGB 值是 (0, 0, 255)，
顏色組成裡藍色值最大，沒有紅色和綠色。如果想
將 turtle 畫筆的顏色設定為 RGB 值，就必須在
Python 程式裡加入命令 **t.colormode(255)**，否
則，程式會認為我們應該以字串指定顏色，找不到
字串時，程式就會跳出錯誤訊息。

這個數字是指顏色組成裡紅色
的量（介於 0 到 255 之間）。

```
t.pencolor(0, 0, 255)
```

綠色的量　　　　藍色的量

```
t.pencolor('blue')
```

▽ **混合各種粗細的線**

如果不想固定用一種寬度的線，還可以利用這個技巧，
畫出更多更混亂的彩虹！線的粗細會隨機變化，從真的
很細到超粗，以及介於這兩者之間的各種寬度。請修改
函式 **move_turtle()** 的程式碼，在 **t.pencolor** 的設
定下，新增下面這行程式碼。

```
t.pensize(random.randint(1,40))
```

▽ **烏龜印章！**

我們還可以利用 turtle 模組的函式 **stamp()** 產生印章圖，將 turtle 圖片蓋在每一條線的開頭上，就像把每個突變彩虹「鉚接」在一起。請修改函式 **move_turtle()**，在畫筆的命令下，加入以下這幾行粗體字程式碼，開始鉚接突變彩虹吧。（也可以將函式 **move_turtle()** 裡的程式碼 **t.forward** 和 **t.backward** 替換成下面的程式碼，創造出完全由 turtle 印章圖組成的線。）

turtle 印章圖看起來就像是
把線鉚接在一起。

```
def move_turtle(line_length):
    pen_colors = ['red', 'orange', 'yellow', 'green', 'blue', 'purple']
    t.pencolor(random.choice(pen_colors))
    t.fillcolor(random.choice(pen_colors))
    t.shapesize(3,3,1)
    t.stamp()
    if inside_window():
```

隨機設定 turtle 印章圖的
顏色。

這一行程式碼是在螢幕上蓋上
turtle 印章圖。

將 turtle 印章圖放大三倍。

## 大轉彎還是小轉彎？

讓我們多加一個提示符號，請使用者決定 turtle 畫筆轉向時要轉多少角度，可能會出現大轉角、直角或小轉角。依照下面這些步驟修改程式，看看線條模式會產生什麼變化。

**1** **建立函式**

這個函式的目的是讓使用者選擇畫筆轉向角度的大小，請在步驟 3 新增的函式 **get_line_length()** 上面，加入以下這段粗體字程式碼。

這行程式碼是讓使用者選擇
畫筆轉向的角度。

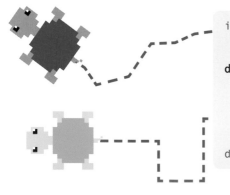

```
import turtle as t

def get_turn_size():
    turn_size = input('Enter turn size (wide, square, narrow): ')
    return turn_size


def get_line_length():
```

**2** 修改函式 move_turtle()
將函式 move_turtle() 原本的程式碼更換成右邊這個新版本的程式碼。呼叫新版本的函式時，要多傳一個參數值 turn_size；將原本的程式碼 angle=random.randint(0,180) 改成 turtle 畫筆可以根據參數 turn_size 的值，選擇不同的轉向角度。

```python
def move_turtle(line_length, turn_size):
    pen_colors = ['red', 'orange', 'yellow', 'green', \
'blue', 'purple']
    t.pencolor(random.choice(pen_colors))
    if inside_window():
        if turn_size == 'wide':
            angle = random.randint(120, 150)
        elif turn_size == 'square':
            angle = random.randint(80, 90)
        else:
            angle = random.randint(20, 40)
        t.right(angle)
        t.forward(line_length)
    else:
        t.backward(line_length)
```

80 到 90 度是直角轉彎。

20 到 40 度是小轉彎。

120 到 150 度是大轉彎。

**3** 取得使用者輸入的角度
接著，在主程式輸入右邊這行粗體字程式碼，目的是呼叫函式 get_turn_size()，取得玩家輸入的轉彎角度值。

```python
line_length = get_line length()
line_width = get_line_width()
turn_size = get_turn_size()
```

**4** 更新主程式
最後，修改主程式裡呼叫函式 move_turtle() 的部分，加入新的參數值 turn_size。

```python
while True:
        move_turtle(line_length, turn_size)
```

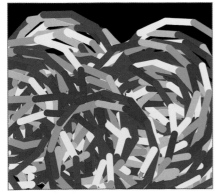

**Short, thick, narrow**
指定線的長、寬和轉向為短、粗、小轉彎

**Medium, superthick, square**
指定線的長、寬和轉向為中、超粗、直角轉彎

**Long, thin, wide**
指定線的長、寬和轉向為長、細、大轉彎

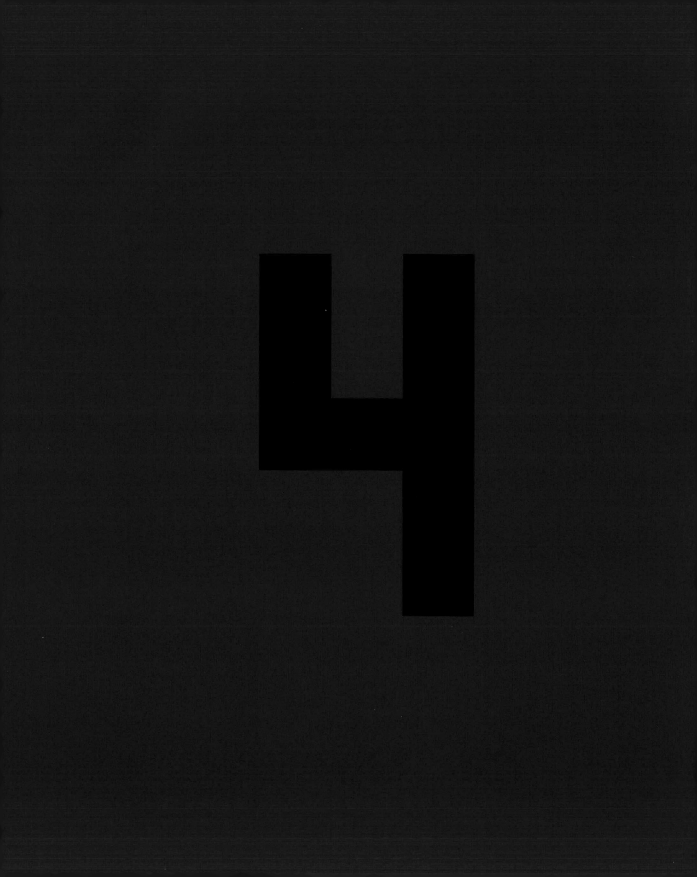

# Python 新手的
# 趣味小程式

# 日期倒數計時器

當我們興奮地期待某個活動來臨時，日期倒數計時器能讓我們知道還要等多久。這個範例會帶我們使用 Python 的 tkinter 模組，開發一個實用又便利的工具幫我們倒數日期，計算距離重大日子還有幾天。

萬歲！距離我的生日只剩下 0 天！

## 範例說明

執行程式後，視窗會顯示一串未來會發生的活動名稱，並且告訴使用者距離每個活動的發生日還有幾天。隔天再執行程式，使用者會看到和前一天相比，「距離某個活動還剩幾天」的天數已經減少一天。利用這個程式，記下每個冒險即將到來的日期，就不怕錯過任何一個重要的日子或是作業的最後繳交期限！

幫我們專屬的個人日曆命名。

tk

<u>My Countdown Calendar</u>

It is 20 days until Halloween
It is 51 days until Spanish Test
It is 132 days until School Trip
It is 92 days until My Birthday

執行程式後，會跳出一個小視窗，視窗裡的每一行文字分別表示一個活動。

# 程式技巧

這個範例程式會先從文字檔裡讀取重要活動的資訊,包含每個活動的名稱和發生日期,這個步驟稱為「檔案輸入」(file input)。然後,利用 Python 的 **datetime** 模組,計算今天到每個活動的發生日為止還有幾天。最後,利用 Python 的 **tkinter** 模組,另外產生一個視窗來顯示程式計算的結果。

## ▷ 使用 tkinter 模組

Python 的 **tkinter** 模組提供程式設計師一套工具,幫忙顯示圖片和取得使用者輸入的資訊。之前的範例程式是將結果顯示在 Shell 視窗裡,這裡則是改用 **tkinter** 模組,另外產生新視窗顯示程式執行的結果,還能自訂視窗的設計與風格。

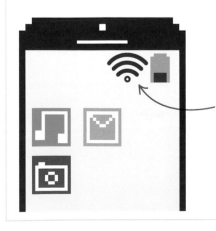

### 知識補給站

## 圖形化使用者介面

圖形化使用者介面(graphical user interface,簡稱 GUI)是指使用者和程式互動時所利用的視覺化設計,例如,智慧型手機上的圖示(icon)和選單系統。Python 的 **tkinter** 模組利用元件(Widget)建立圖形化使用者介面,這些元件已經有現成的程式碼,能直接開發彈出視窗(pop-up window)、按鈕、滑桿(sliders)、選單等等介面。

智慧型手機的 GUI 設計會利用畫面上的圖示,說明 WiFi 訊號的強度和手機剩下多少電力。

## ▽ 程式流程圖

這個範例程式會將重要活動的資訊另外存成一個文字檔,而不是寫在程式碼裡。程式一開始會從這個檔案裡讀取所有的活動,再計算每個活動的倒數天數並且顯示結果。處理完所有活動後,程式就會結束。

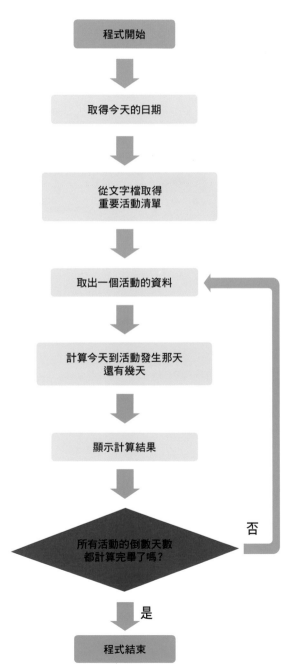

程式開始

取得今天的日期

從文字檔取得重要活動清單

取出一個活動的資料

計算今天到活動發生那天還有幾天

顯示計算結果

所有活動的倒數天數都計算完畢了嗎?　　否

是

程式結束

# 建立與讀取文字檔

日期倒數計時器需要的所有資訊都必須存在文字檔裡，
接下來我們會利用 IDLE 工具產生這個檔案。

**1 建立新檔**

開啟 IDLE 工具，新增檔案並且輸入幾個即將
到來的重要活動名稱和日期。每個活動的資
訊會分別獨立一行，活動名稱和日期之間要
以逗號分開，請確定逗號和活動日期之間沒
有空白字元。

以日／月／年的
格式輸入活動
發生的日期。

> events.txt
>
> Halloween,31/10/17
> Spanish Test,01/12/17
> School Trip,20/02/18
> My Birthday,11/01/18

每一行開頭
要先輸入活動名稱。

活動太多，
時間太少。

**2 存成文字檔**

接著，我們要將步驟 1 產生的檔案儲存成文字
檔。請點選工具列『File』（檔案）下的『Save
As』（另存新檔），將檔名儲存為『events.
txt』。下一步，我們要開始寫 Python 程式。

Close（關閉）

Save（儲存檔案）

Save As...（另存新檔）

Save Copy As...（儲存複本）

**3 建立 Python 新檔**

現在，我們要來寫 Python 程式了。請產生一個新的檔
案，將檔案名稱儲存為『countdown_calendar.py』，並且
確定它跟文字檔『events.txt』都放在同一個檔案夾裡。

**4 匯入模組**

範例程式需要兩個模組：**tkinter** 和
**datetime**。**tkinter** 模組幫我們產生簡單
的 GUI 設計，**datetime** 模組則會簡化日期
計算的工作。請在新程式的開頭輸入右邊的
行程式碼，匯入這兩個模組。

```python
from tkinter import Tk, Canvas
from datetime import date, datetime
```

匯入 **tkinter** 模組和 **datetime**
模組。

## 5　建立畫布

請在步驟 4 的程式碼下面，新增以下這幾行程式碼。第一行是使用 tkinter 模組的 root 元件，產生一個新視窗；第二行則是利用 Canvas 元件，新增一個空白的矩形區域（畫布），讓我們加入文字和圖片。

### 知識補給站

## Canvas（畫布）

tkinter 模組的畫布通常是一個矩形區域，程式設計師在這個區域裡放各種形狀、圖片、文字或影像，讓使用者觀看或是和這些內容進行互動。想像一下，這個元件就是藝術家創作時使用的畫布，差別只在於我們用程式創造，而非畫筆！

這行命令是在 tkinter 視窗裡設置畫布。

產生 tkinter 視窗。

產生一個寬 800 像素、高 800 像素的 Canvas 元件『c』。

```
root = Tk()
c = Canvas(root, width=800, height=800, bg='black')
c.pack()
c.create_text(100, 50, anchor='w', fill='orange',\
font='Arial 28 bold underline', text='My Countdown Calendar')
```

在 Canvas 元件『c』上新增文字。文字的起始座標是（100, 50），也就是從文字的左邊（西邊）開始畫起。

## 6　執行程式

請執行程式碼，應該會看到另外一個視窗，視窗標題是程式的名字。如果程式無法運作，請記得讀一讀錯誤訊息，仔細檢查整個程式碼，找出可能的錯誤。

我很快就能找出這些錯誤！

**tk**

## My Countdown Calendar

修改函式 c.create_text() 的程式碼，就能改變文字的顏色。

## 7　讀取文字檔

接著，我們要建立一個函式，負責從文字檔裡讀取和儲存所有的活動資訊。我們已經在程式開頭寫好匯入模組的程式碼，請接在這些程式碼下建立新函式 get_events。這個函式現在只有一個空的清單，我們之後會利用它來儲存檔案讀取進來的活動資訊。

```
from datetime import date, datetime
def get_events():
    list_events = []
root = Tk()
```

產生一個空的清單 list_events。

**8** 開啟文字檔
以下這行程式碼的作用是開啟檔案『events.txt』，讓程式讀取。請接在步驟 7 的程式碼下面，輸入以下這行粗體字程式碼。

```
def get_events():
    list_events = []
    with open('events.txt') as file:
```

開啟文字檔。

**9** 開始執行迴圈
新增一個『for』迴圈，將文字檔裡的資訊帶進程式裡。這個迴圈會逐行讀取文字檔『events.txt』裡的每一行文字。

```
def get_events():
    list_events = []
    with open('events.txt') as file:
        for line in file:
```

執行迴圈，讀取文字檔裡的每一行文字。

**10** 移除隱藏字元
我們在步驟 1 將資訊輸入文字檔，每一行結尾都會按下『enter / return』鍵，這個動作讓每一行文字的結尾增加一個看不見的「換行」（newline）字元。雖然我們看不見這個字元，但 Python 可以，所以，下面這行粗體字程式碼是告訴 Python，讀取文字檔的內容時，忽略這些看不見的字元。

```
    with open('events.txt') as file:
        for line in file:
            line = line.rstrip('\n')
```

移除每一行文字結尾的換行字元。

(‘\n’) 是 Python 裡的換行字元。

**11** 儲存活動的詳細資訊
變數 line 已經將每個活動的資訊儲存成字串，例如，Halloween,31/10/2017。現在，我們要使用函式 split()，將這個字串切成兩個部分，讓逗號前後的文字變成兩個獨立的資料值，並且存到資料清單 current_event。請在步驟 10 的程式碼下面，新增以下這行粗體字程式碼。

```
        for line in file:
            line = line.rstrip('\n')
            current_event = line.split(',')
```

逗號將每個活動的資訊拆成兩部分。

---

**程式高手秘笈**

## datetime 模組

如果想處理一些跟日期和時間有關的計算工作，Python 的 **datetime** 模組非常好用。例如，你知道自己生日那天是星期幾嗎？只要在 Python 的 Shell 視窗輸入右邊這兩行程式碼，立刻就能知道。

以這個格式輸入你的生日：
年、月、日。

```
>>> from datetime import *
>>> print(date(2007, 12, 4).weekday())
1
```

Python 以數字表示一星期裡的星期幾。0 是星期一，6 是星期日，所以 2007 年 12 月 4 日是星期二。

新手必學技巧

## 資料在清單裡的位置

Python 計算清單裡的資料個數時，是從 0 開始數，所以清單變數 current_event 的第一個資料值『Halloween』會存在編號 0 的位置，第二個資料值『31/10/2017』則會存在編號 1 的位置。這就是程式碼將資料值 current_event[1] 轉換成日期的原因。

抱歉！
你不在清單上。

**12** 使用 datetime 模組

萬聖節（Halloween）活動的資訊已經存到清單變數 current_event，包含兩個資料值：『Halloween』和『31/10/2017』。現在，我們要使用 **datetime** 模組，將清單裡第二個資料值（位置編號 1）從字串轉成 Python 了解的日期格式。請接在步驟 11 寫的函式後，新增以下這幾行粗體字程式碼。

將清單裡的第二個資料值從字串轉換成日期。

```
current_event = line.split(',')
event_date = datetime.strptime(current_event[1], '%d/%m/%y').date()
current_event[1] = event_date
```

將清單裡的第二個資料值更新為轉換過後的活動日期。

**13** 將活動新增到清單裡

清單 current_event 已經拿到兩個資料值：活動名稱（字串）和活動日期，再來就是將 current_event 新增到儲存所有活動的清單裡。以下是函式 get_events() 的完整程式碼。

```
def get_events():
    list_events = []
    with open('events.txt') as file:
        for line in file:
            line = line.rstrip('\n')
            current_event = line.split(',')
            event_date = datetime.strptime(current_event[1], '%d/%m/%y').date()
            current_event[1] = event_date
            list_events.append(current_event)
    return list_events
```

執行完這行程式碼後，程式會回頭繼續執行迴圈，從文字檔讀取下一行活動資訊。

讀取完文字檔的每一行活動資訊後，函式會將完整的資料清單回傳給主程式。

# 倒數計時

建立日期倒數計時器的下一階段要再產生一個函式，幫忙計算今天到重要活動日期之間相距的天數；還要寫一段程式碼，負責在 **tkinter** 模組產生的畫布上顯示活動資訊。

距離聖誕節還有 20 天！

指定兩個日期給函式。

## 14 計算天數

我們要建立函式來計算兩個日期之間相距的天數，**datetime** 模組能簡化這個計算工作，將兩個日期相加或是相減。請接在函式 **get_events()** 的程式碼下，輸入右邊的程式碼。這段程式會將計算出來的天數變成字串，再存到變數 **time_between**。

```
def days_between_dates(date1, date2):
    time_between = str(date1 - date2)
```

這個變數負責儲存變成字串的計算結果。

將兩個日期相減，得到兩個日期之間相距的天數。

英文小教室
本書幽默地將「string」設計成雙關語：拆開字串／弄斷線。

噢，糟了！我把線弄斷了！

## 15 拆字串

假設距離萬聖節還有 27 天，變數 **time_between** 的字串內容會像這樣：**'27 days, 0:00:00'**（這幾個數字 0 是指小時、分和秒），但是，重要的資料只有字串開頭的數字，所以我們要再使用函式 **split()**，幫我們拆出需要的部分。請在步驟 14 的程式碼下，輸入下面這行粗體字程式碼，目的是把字串拆成三個資料值：**'27'**, **'days'**, **'0:00:00'**，再存進清單變數 **number_of_days**。

```
def days_between_dates(date1, date2):
    time_between = str(date1 - date2)
    number_of_days = time_between.split(' ')
```

這次是以空白字元拆開字串。

## 16 回傳天數

只要回傳清單裡位置編號 0 的資料值，即可完成這個函式。在萬聖節的例子裡，位置編號 0 的資料值就是 27。請在函式程式碼的最後一行，新增右邊的粗體字程式碼。

```
def days_between_dates(date1, date2):
    time_between = str(date1 - date2)
    number_of_days = time_between.split(' ')
    return number_of_days[0]
```

兩個日期之間相距的天數會存在清單裡編號 0 的位置。

**17** **取得所有活動資料**

所有函式都已經完成，現在該用它們來寫主程式。請將以下兩行
粗體字程式碼加到程式碼的最後一行下面，第一行是呼叫（執
行）函式 **get_events()**，負責將所有活動的詳細資料存到清單
變數 **events**；第二行是使用 **datetime** 模組取得今天的日期，
並且存到變數 **today**。

> 如果想把一行過長的程式
> 碼分成兩行，記得用反斜
> 線（\）字元。

別忘了儲存你的
工作成果。

```
c.create_text(100, 50, anchor='w', fill='orange', \
font='Arial 28 bold underline', text='My Countdown Calendar')
```

```
events = get_events()
today = date.today()
```

> 哇！我是第一個
> 到班上的人！

**18** **顯示結果**

接下來要計算今天到每個活動日期為止的天數，並且將結
果顯示在螢幕上。因為清單裡的每個活動都要計算倒數天
數，所以會用『**for**』迴圈重覆執行程式碼。每個活動都
會呼叫函式 **days_between_dates()**，再將計算結果存
到變數 **days_until**。最後呼叫函式 **Tkintercreate_
text()**，將結果顯示在螢幕上。請在步驟 17 的程式碼下
面，新增以下這段程式碼。

清單裡的每個活動都會執行
迴圈內的程式碼。

取得活動名稱。

呼叫函式
**days_between_dates()**，
計算活動日期和今天日期之
間相距的天數。

```
for event in events:
    event_name = event[0]
    days_until = days_between_dates(event[1], today)
    display = 'It is %s days until %s' % (days_until, event_name)
    c.create_text(100, 100, anchor='w', fill='lightblue', \
                font='Arial 28 bold', text=display)
```

產生一個字串，負責
儲存要顯示在螢幕上的
結果。

這個字元能讓程式碼
分成兩行。

在螢幕上（100，100）
的位置顯示文字。

**19** **測試程式**

請測試程式碼。現在看起來所有
的文字全都互相疊在第一行了，
你知道問題出在哪嗎？要如何解
決這個問題呢？

My Countdown Calendar

It is 98 days until Spanish Test

**20** 將每一行文字分開

問題出在所有文字全都顯示在相同的位置（100, 100）。所以,如果我們建立一個變數 **vertical_space**,並且在程式每次執行 **for** 迴圈時,增加這個變數的值,就能增加繪圖座標 y 的值,把每一行文字分開,讓它們依序往螢幕下方顯示。這樣就能解決問題了!

My Countdown Calendar

It is 26 days until Halloween
It is 57 days until Spanish Test
It is 138 days until School Trip
It is 98 days until My Birthday

```
vertical_space = 100


for event in events:

    event_name = event[0]

    days_until = days_between_dates(event[1], today)

    display = 'It is %s days until %s' % (days_until, event_name)

    c.create_text(100, vertical_space, anchor='w', fill='lightblue', \
                font='Arial 28 bold', text=display)

    vertical_space = vertical_space + 30
```

**21** 開始倒數計時!

就是這樣,我們已經完成範例需要的所有程式碼。現在,請執行程式,試試看倒數計時。

# 進階變化的技巧

試試下面這些進階技巧,讓我們剛剛完成的日期倒數計時器能發揮更多作用。部分技巧在理解上較為困難,所以我們提供一些有用的訣竅來幫助你。

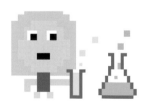

▷ 重新設計畫布

只要修改程式碼 **c=Canvas** 那一行,就能編輯畫布的背景顏色,讓程式的外觀變得更吸引人。

```
c = Canvas(root, width=800, height=800, bg='green')
```

將視窗的背景顏色改成任何你選擇的顏色。

▷ **排序！**

你也能這樣修改程式碼，讓活動按照即將發生的先後順序排序。請在 **for** 迴圈前面新增右邊這行粗體字程式碼，目的是呼叫函式 **sort()**，依照由小到大的順序排列活動，從剩下最少的倒數天數排到最多的。

```
vertical_space = 100
events.sort(key=lambda x: x[1])
for event in events:
```

依照天數的多寡排列活動，而非照活動的名稱。

▽ **重新設計文字風格**

只要改變標題文字的大小、顏色和風格，就能讓使用者介面有全新的外觀。

挑你喜歡的顏色。

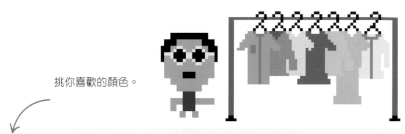

```
c.create_text(100, 50, anchor='w', fill='pink', font='Courier 36 bold underline', \
              text='Sanjay\'s Diary Dates')
```

如果你喜歡，也可以改變視窗的標題。

試試不同的字型，例如，Courier。

各位，還有 10 分鐘就要上場了！

▽ **設定提醒功能**

如果程式能標示出即將發生的活動，對使用者來說應該是相當實用的功能。修改程式碼，讓下週即將發生的活動顯示成紅色吧。

```
for event in events:
    event_name = event[0]
    days_until = days_between_dates(event[1], today)
    display = 'It is %s days until %s' % (days_until, event_name)
    if (int(days_until) <= 7):
        text_col = 'red'
    else:
        text_col = 'lightblue'
    c.create_text(100, vertical_space, anchor='w', fill=text_col, \
                  font='Arial 28 bold', text=display)
```

符號『<=』是指「小於或等於」。

以正確的顏色顯示文字。

函式 **int()** 會將字串轉換成數字。例如，把字串 '5' 轉換成數字 5。

# 專家知識庫

你能說出世界上所有國家的首都嗎？或是最喜歡的運動隊伍裡有哪些隊員？每個人都能成為某個方面的專家。這個範例所設計的程式不只能回答問題，還能自我學習新知識，成為專家。

你可以問我世界上任何事。

## 範例說明

這個範例程式會請使用者在文字輸入框裡填入某個國家的名稱，輸入完畢後，程式會告訴使用者這個國家的首都；如果程式不知道答案，會反過來請使用者教它正確答案。越多人使用這個程式，程式就會變得越聰明！

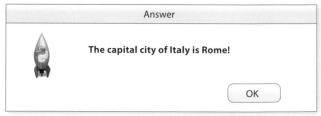

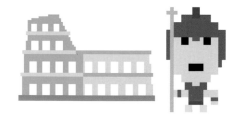

輸入國家名稱。

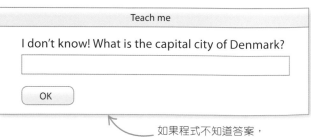

如果程式不知道答案，會反過來問使用者正確答案。

# 程式技巧

範例程式從文字檔裡讀取首都城市的資訊，然後使用 **tkinter** 模組建立彈出式對話框，讓程式和使用者能互相溝通。當使用者輸入新的首都，程式會將這個資訊新增到文字檔裡。

▷ **溝通**
範例程式使用了兩個 **tkinter** 模組裡的函式。第一個函式是 **simpledialog()**，負責產生彈出式對話框，讓使用者輸入國家名稱。第二個則是 **messagebox()**，負責顯示首都名稱。

△ **資料型態——字典（Dictionary）**
範例程式使用 Python 的資料型態——字典，幫忙儲存國家和它們的首都資訊。字典雖然有點像清單（List），但字典裡的每項資料會分成兩個部分：取出資料的鑰匙（Key）和資料值（Value）。資料量龐大時，字典搜尋資料的速度通常會比較快。

### 知識補給站

## 專家系統（Expert system）

專家系統是一種在電腦上執行的程式，設計目的是讓程式成為某個特定主題的專業人員，讓它跟人類專家一樣，不僅知道許多問題的答案，還能做出決策並且提出建議。專家系統之所以能做到這些，全拜程式設計師所賜，他們撰寫程式碼告訴專家系統需要的所有資料，以及如何使用這些資料的規則。

△ **汽車高手**
汽車公司建立的專家系統知道汽車運作方式的完整資訊，因此，當你的車子故障時，修理汽車的技師就能利用這些專家系統來解決問題。有了專家系統，就像有一百萬位專業技師一起來看你的問題，而非只有現場那一位！

▽ **程式流程圖**
程式會先從文字檔裡讀取資料，然後建立無窮迴圈，不斷地詢問使用者問題。只有當使用者停止執行程式，才能離開這個無窮的問答迴圈。

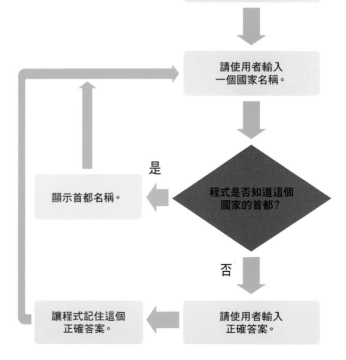

程式開始

↓

從文字檔匯入首都城市。

↓

請使用者輸入一個國家名稱。

↓

程式是否知道這個國家的首都？

是 → 顯示首都名稱。

否 ↓

請使用者輸入正確答案。

←

讓程式記住這個正確答案。

# 第一步

讓我們跟著以下這些步驟，利用 Python 建立自己的專家知識系統。我們必須先產生文字檔案，負責儲存國家的首都名稱；然後，開啟 **tkinter** 視窗，建立字典變數儲存所有的知識。

**1** **準備文字檔**
首先，建立一個資料清單，負責儲存世界上的首都城市。請開啟 IDLE 工具，建立新檔並且輸入右下這些文字。

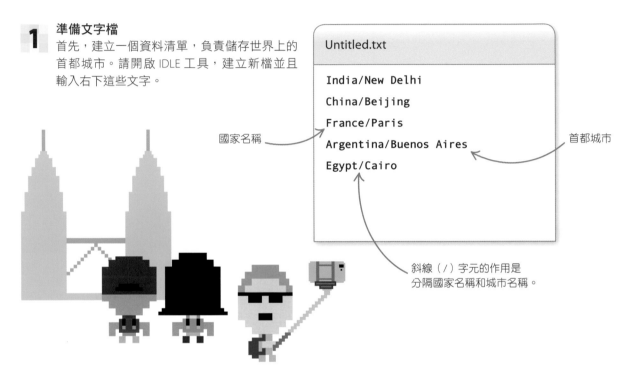

Untitled.txt

India/New Delhi
China/Beijing
France/Paris
Argentina/Buenos Aires
Egypt/Cairo

國家名稱

首都城市

斜線（/）字元的作用是分隔國家名稱和城市名稱。

**2** **儲存文字檔**
將步驟 1 的文字檔存成『capital_data.txt』。程式之後會從這個檔案讀取一份特別的知識清單。

文字檔檔名的結尾是『txt』，而非『py』。

Save

Save As: capital_data.txt

Tags:

Where:

Cancel　　Save

**3** **產生 Python 程式檔案**
建立一個新檔案來寫 Python 程式，並且將檔案名稱存成『ask_expert.py』。請確定 Python 程式檔案和文字檔都存在同一個檔案夾裡。

你是專家嗎？

**4** **匯入 tkinter 模組**

這個範例程式需要用到幾個來自 **tkinter** 模組
的元件，請在程式第一行輸入下面這行程式碼。

從 tkinter 模組
載入這兩個元件。

```
from tkinter import Tk, simpledialog, messagebox
```

**5** **啟用 tkinter 模組**

接著，請新增以下這幾行程式碼。目的是讓 Shell 視窗
顯示一行包含範例名稱的訊息，雖然 **tkinter** 模組會
自動產生一個空視窗，但範例程式不需要這個視窗，所
以還需要寫一行聰明的程式碼來隱藏這個視窗。

```
print('Ask the Expert - Capital Cities of the World')
root = Tk()
root.withdraw()
```

隱藏 **tkinter** 視窗。

產生一個空 tkinter
視窗。

試音！試音！

**6** **測試程式碼**

請執行程式碼，成功的話，
會看到 Shell 視窗顯示一行包
含範例名稱的訊息。

產生一個空的字典變數
**the_world**。

```
the_world = {}
```

要使用大括號（{}）。

**7** **建立字典**

請接在步驟 5 寫的程式碼下面，輸入右邊
這行程式碼，作用是儲存國家名稱和它們
的首都城市。

我把所有資訊
都存在這裡。

## 程式高手秘笈

# 字典的用法

字典（Dictionary）是 Python 儲存資訊的另外一種方法，類似清單（List），但是字典裡的每項資料會分成兩個部分：取出資料的鑰匙（Key）和資料值（Value）。請在 Shell 視窗輸入以下這行程式碼，練習看看。

這是取出資料的鑰匙。

這是資料值。

```
favourite_foods = {'Simon': 'pizza', 'Jill': 'pancakes', 'Roger': 'custard'}
```

鑰匙後面要加冒號（:）。

字典裡的每項資料都要以逗號隔開。

字典將所有資料放在大括號裡。

▽ **1.** 如果想顯示字典的內容，必須將它們印（print）出來，請練習印出 **favourite_foods** 的內容。

```
print(favourite_foods)
```

在 Shell 視窗輸入這行程式碼，然後按下『enter / return』鍵。

▽ **2.** 請練習新增一項新資料到字典裡：Julie 和她最喜歡的食物——餅乾（biscuits）。

```
favourite_foods['Julie'] = 'biscuits'
```

取出資料的鑰匙          資料值

▽ **3.** Jill 改變主意了，現在她最愛的食物是墨西哥捲餅（tacos）。請練習將這項資訊更新到字典裡。

```
favourite_foods['Jill'] = 'tacos'
```

更新資料值

▽ **4.** 最後，請練習從字典裡查出 Roger 最愛的食物，只要拿他的名字作為鑰匙就能找到資料值。

```
print(favourite_foods['Roger'])
```

拿鑰匙查出資料值

---

# 函式上場的時間到了！

下一階段的工作是產生所有主程式需要的函式。

**8** **檔案輸入（File input）**

首先，我們需要一個函式幫忙讀取存在文字檔的所有資訊。類似我們在日期倒數計時器裡的做法，就是從存有活動資訊的檔案讀取資料。請在匯入 **tkinter** 模組的程式碼後，新增以下的粗體字程式碼。

不是叫你上臺表演。

```
from tkinter import Tk, simpledialog, messagebox

                                        開啟文字檔。
def read_from_file():
    with open('capital_data.txt') as file:
```

**9** **逐行讀取文字檔**

接著，使用『for』迴圈，逐行讀取文字檔。這裡跟範例「日期倒數計時器」一樣，必須移除看不見的換行字元，然後將讀取進來的國家和城市名稱分別存成兩個變數值。在下面的程式碼裡，我們利用函式 split() 回傳這兩個值，再以一行程式碼，將兩個值存到兩個變數裡。

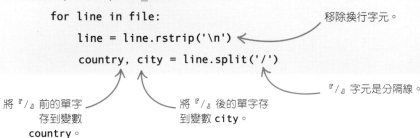

```python
def read_from_file():
    with open('capital_data.txt') as file:
        for line in file:
            line = line.rstrip('\n')
            country, city = line.split('/')
```

移除換行字元。

『/』字元是分隔線。

將『/』前的單字存到變數 country。

將『/』後的單字存到變數 city。

**10** **新增資料到字典裡**

到目前為止，變數 country 和 city 已經儲存了我們需要新增到字典裡的資訊。根據文字檔第一行的內容，country 是『India』，city 是『New Delhi』。請輸入以下這行粗體字程式碼，將這些資訊新增到字典裡。

```python
def read_from_file():
    with open('capital_data.txt') as file:
        for line in file:
            line = line.rstrip('\n')
            country, city = line.split('/')
            the_world[country] = city
```

資料值。

取出資料的鑰匙。

**11** **檔案輸出（File output）**

當使用者輸入程式不認識的首都城市名稱時，我們希望程式將這個新資訊插入文字檔，這樣的做法稱為檔案輸出。和檔案輸入的方法類似，只是將讀取檔案的部分改成寫入檔案。請在步驟 10 的程式碼後，輸入右邊這個新函式。

```python
def write_to_file(country_name, city_name):
    with open('capital_data.txt', 'a') as file:
```

這個函式的作用是將新的國家和首都城市名稱新增到文字檔裡。

參數值 a 是指「添加」或新增資訊到文字檔內容的最後一個位置。

**12** **寫入檔案**

新增以下這行粗體字程式碼，將新資訊寫入文字檔裡。寫
入資訊時，程式碼會先加入一個換行字元，告訴 Python
切換到文字檔裡新的一行再寫入國家名稱，接著加入分隔
斜線（/）和首都城市的名稱，例如，「Egypt/Cairo」。等
所有資訊都寫入文字檔後，Python 會自動關閉檔案。

你的檔案
跟我在一起很安全！

```python
def write_to_file(country_name, city_name):
    with open('capital_data.txt', 'a') as file:
        file.write('\n' + country_name + '/' + city_name)
```

# 撰寫主程式

主程式需要的所有函式都已經完成了，現在我們要
開始寫主程式。

**13** **讀取文字檔**

我們希望主程式做的第一件事就是從文字檔讀
取資訊。請在步驟 7 寫好的程式碼下面，新增
右邊這行程式碼。

執行函式
read_from_file。

```python
read_from_file()
```

**14** **開始執行無窮迴圈**

接著，請新增以下這幾行粗體字程式碼，產生一個
無窮迴圈。這個迴圈呼叫 tkinter 模組的函式
simpledialog.askstring()，在螢幕上產生一個
對話盒，負責顯示資訊，並且提供空間讓使用者輸
入答案。請再次測試程式碼，成功的話，會看到一
個對話盒，要求使用者輸入國家名稱。這個對話盒
剛出現時，有可能會隱藏在其他視窗背後。

函式 simpledialog 產生的
對話盒。

這行文字會出現在對話盒裡，
指示使用者輸入資料。

```python
read_from_file()


while True:
    query_country = simpledialog.askstring('Country', 'Type the name of a country:')
```

使用者輸入的答案會存到
這個變數。

對話盒的標題
名稱。

**15** **程式知道答案嗎？**

現在，我們要新增 **if** 陳述式，幫忙判斷程式
是否知道答案。這段程式碼會負責檢查國家和
它的首都城市是否已經在字典裡。

我知道所有的答案！

```
while True:
    query_country = simpledialog.askstring('Country', 'Type the name of a country:')

    if query_country in the_world:
```

如果使用者輸入的國家名稱在字典
**the_world** 裡，程式就會回傳 True（存在）。

**16** **顯示正確答案**

如果國家名稱存在字典 **the_world** 裡，我們會讓程式
查詢正確答案，然後顯示在螢幕上。這時就要呼叫
**tkinter** 模組的函式 **messagebox.showinfo()**，幫
忙在對話盒裡顯示訊息，介面上還會有「OK」的按鈕。
請在 **if** 陳述式下面，輸入以下的粗體字程式碼。

這一行程式碼使用
**query_country** 拿到資料的
鑰匙，再從字典裡查出答案。

別忘了儲存你的
工作成果。

```
if query_country in the_world:
    result = the_world[query_country]
    messagebox.showinfo('Answer',
                        'The capital city of ' + query_country + ' is ' + result + '!')
```

對話盒的
標題名稱。

這個變數負責儲存答
案（從字典裡查出的
答案）。

這段訊息會顯示在
對話盒裡。

**17** **測試程式**

測試看看，如果程式碼出現錯誤，現在是找
出問題的好時機。當程式要求使用者輸入國
家名稱，請輸入『France』（法國），看看程
式有沒有顯示正確答案？如果沒有，請回頭
仔細檢查程式碼，看看是否能找出錯在哪裡。
如果使用者輸入文字檔裡不存在的國家名稱，
又會發生什麼事？測試一下，看看程式會做
出什麼反應。

這是捕臭蟲的
好時機！

**18** 教程式學習
最後,我們還要在 if 陳述式下面多加以下這幾行粗體字程式碼。如果使用者輸入的國家不在字典裡,程式會要求使用者輸入這個國家的首都城市,然後再將這個首都城市新增到字典裡,這樣程式下次就會記得這個首都的名稱。函式 **write_to_file()** 負責將城市名稱新增到文字檔裡。

請教我義大利首都是哪個城市。

```
    if query_country in the_world:
        result = the_world[query_country]
        messagebox.showinfo('Answer',
                            'The capital city of ' + query_country + ' is ' + result + '!')
    else:
        new_city = simpledialog.askstring('Teach me',
                                          'I don\'t know! ' +
                                          'What is the capital city of ' + query_country + '?')
        the_world[query_country] = new_city
        write_to_file(query_country, new_city)
root.mainloop()
```

要求使用者輸入首都的城市名稱,並且存到變數 new_city。

使用函式 query_country 獲得資料的鑰匙,再將資料值 new_city 新增到字典裡。

將新的首都名稱寫入文字檔,擴充程式的知識庫。

**19** 執行程式
就這樣,現在我們有一位數位專家了!趕快執行程式,開始進行測驗吧!

# 進階變化的技巧

想提升這個範例程式的水準嗎?請參考以下這些建議,讓程式變得更聰明吧。

我準備開始環遊世界!

▷ **環遊世界**
產生一個文字檔,輸入全世界每個國家和它們的首都名稱,就能讓我們原本的程式變成地理天才。每次在文字檔裡新增一行文字時,記得要依照這個格式:國家名稱 / 首都名稱。

▽ **大寫**

如果使用者輸入國家名稱時，第一個字母忘記大寫，我們的程式就找不到相對應的首都名稱。要怎麼修改程式碼來解決這個問題呢？請參考以下這個建議寫法。

```python
query_country = simpledialog.askstring('Country', 'Type the name of a country:')
query_country = query_country.capitalize()
```

這個函式會將字串的第一個字母轉成大寫。

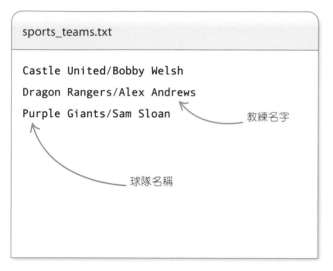

sports_teams.txt

Castle United/Bobby Welsh
Dragon Rangers/Alex Andrews
Purple Giants/Sam Sloan

教練名字

球隊名稱

◁ **不同主題的資料**

到目前為止，程式只知道世界上的首都城市，如果想讓程式變得更聰明，我們還可以編輯文字檔，加入我們精通的某個主題的資料來改變這個情況。例如，教程式認識有名球隊的名稱和帶領球隊的教練名字。

▷ **確認新答案是否符合事實**

範例程式將使用者輸入的新答案直接存到文字檔裡，可是不會檢查使用者輸入的首都名稱對不對，所以我們要改寫程式碼，讓新答案先儲存到另外一個文字檔裡，之後就能先檢查新答案是否符合事實，正確的話，再把它們新增到主要文字檔裡。請參考右邊的程式碼修改程式。

```python
def write_to_file(country_name, city_name):
    with open('new_data.txt', 'a') as file:
        file.write('\n' + country_name + '/' + city_name)
```

將新答案存到另外一個文字檔 new_data。

你知道的，它們都是對的！

# 祕密通訊

利用電腦加密的技術，改變你和朋友互相傳遞訊息時的文字內容，如此一來，不知道你們祕密通訊方式的人，就無法窺知你們的傳遞內容！

## 範例說明

這個範例程式會問使用者要將訊息加密，還是解開已經加密的訊息，再請使用者輸入程式要處理的內容。如果使用者選擇將訊息加密，程式會將輸入的訊息轉換成亂七八糟的內容，使人無法了解訊息原本的意義；如果使用者選擇解開已經加密的訊息，程式就會將看起來毫無意義的內容轉換成使用者能看懂的文字！

### 知識補給站
## 密碼學（Cryptography）

密碼學的原文「Cryptography」一詞源自於希臘文的「隱藏」和「書寫」這兩個字，近四千年前的人們就已經開始使用這項技巧傳遞祕密訊息。談論密碼學時常用到的幾個專有名詞說明如下：

**加密方式（Cipher）** 是一套指令，用於改變訊息的內容，隱藏訊息原本的意義。
**加密（Encrypt）** 是指隱藏祕密訊息。
**解密（Decrypt）** 是指解讀祕密訊息。
**密文（Ciphertext）** 是指加密之後的訊息。
**明文（Plaintext）** 是指還沒加密的訊息。

▷ **分享程式碼**
把這個 Python 程式碼分享給朋友，就能彼此互相傳遞祕密訊息。

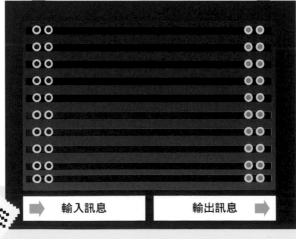

訊息加密機

讓我們把這串訊息放進機器裡加密。

我看不懂這串訊息裡面的字了…

輸入訊息　　　輸出訊息

# 程式技巧

這個範例程式的加密方法是改變訊息的字母排列順序，讓人無法解讀訊息的意義。做法是先知道每個字母的位置是偶數還是奇數，然後將訊息中成對的字母兩兩交換，從前兩個字母開始交換，依序交換下兩個成對的字母。這個範例程式也能解讀加密過的訊息，只要將字母交換回一開始的位置。

我把所有信件弄亂了。

英文小教室

本書幽默地將「letter」設計成雙關語：打亂字母／弄亂信件。

Python 的計數方式和平常不同，是從 0 開始算起，所以單字中第一個字母的位置是偶數。

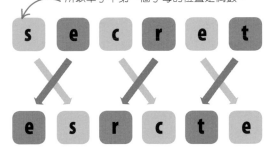

△ **加密（Encryption）**

當使用者對訊息執行加密，程式會將成對的字母兩兩交換，打亂單字的字母順序，使單字失去原本的意義。

△ **解密（Decryption）**

當使用者或他們的朋友想把加密的訊息解開，程式會將打亂的字母再兩兩交換回原本的位置。

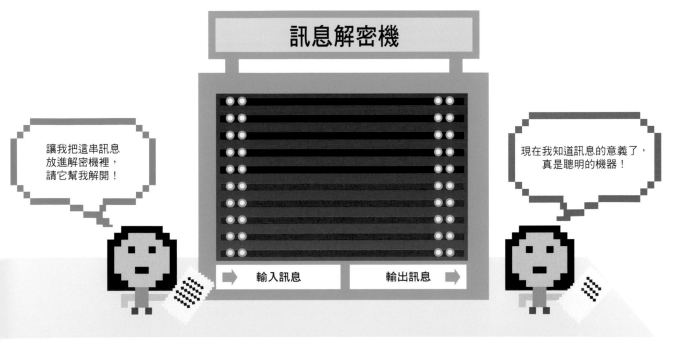

訊息解密機

讓我把這串訊息放進解密機裡，請它幫我解開！

現在我知道訊息的意義了，真是聰明的機器！

輸入訊息　　輸出訊息

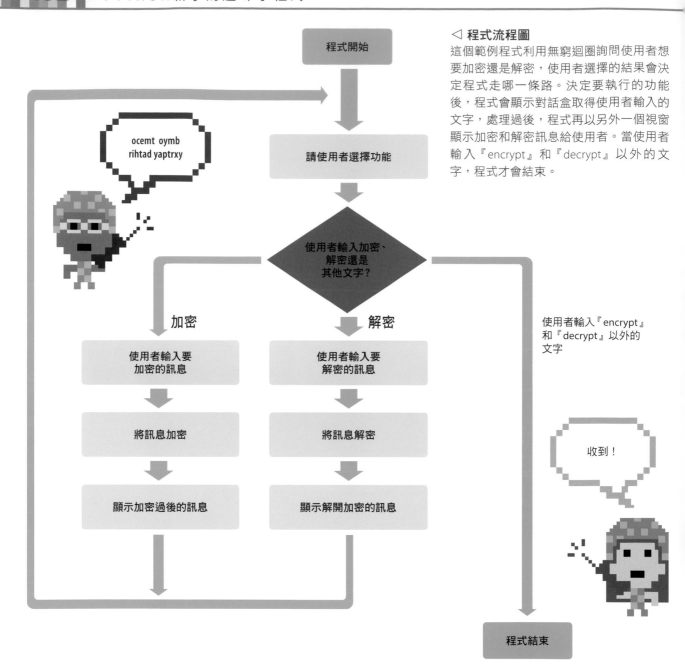

◁ **程式流程圖**
這個範例程式利用無窮迴圈詢問使用者想要加密還是解密，使用者選擇的結果會決定程式走哪一條路。決定要執行的功能後，程式會顯示對話盒取得使用者輸入的文字，處理過後，程式再以另外一個視窗顯示加密和解密訊息給使用者。當使用者輸入『encrypt』和『decrypt』以外的文字，程式才會結束。

程式開始

請使用者選擇功能

使用者輸入加密、解密還是其他文字？

加密

解密

使用者輸入『encrypt』和『decrypt』以外的文字

使用者輸入要加密的訊息

使用者輸入要解密的訊息

將訊息加密

將訊息解密

顯示加密過後的訊息

顯示解開加密的訊息

程式結束

▷ **神秘的 x**
這個範例程式只能處理字母個數為偶數的訊息，所以程式執行加密或解密時，會先檢查訊息，並且計算字母的個數。如果字母個數是奇數，程式會在訊息的最後加上『x』，讓字母的個數變成偶數。使用者和他們的特務都知道要忽略這個『x』，不會被騙！

Plaintext of the secret message is:

**come to my party saturday afternoonx**

OK

# 建立 GUI 介面

接下來，我們要開始寫程式碼，主要分成兩個部分。第一部分是
建立幾個函式，負責取得使用者輸入的內容；第二部分的程式碼
則是負責將輸入的內容加密和解密。讓我們開始動手吧，你永遠
不知道何時會需要傳送祕密訊息給某個人！

**1** 建立新檔
開啟 IDLE 工具，建立新檔並且將檔名
儲存為『secret_messages.py』。

| New File（新增檔案） |
| Open...（開啟舊檔） |
| Open Module...（開啟模組檔案） |

**2** 新增模組
我們要先從 Python 的 **tkinter** 模組匯入幾個元件，讓我
們使用一些 GUI 的特性，設計使用者介面，例如，
**messagebox** 能顯示資訊給使用者、**simpledialog** 能出
題給使用者回答。請在檔案第一行輸入以下這行程式碼。

```
from tkinter import messagebox, simpledialog, Tk
```

**3** 加密還是解密？
我們現在要建立函式 **get_task()**，負責開啟對話
盒，詢問使用者想對訊息加密還是解密。請接在步
驟 2 的程式碼下面，新增以下這幾行粗體字程式碼。

這行程式碼是請使用者輸入
『encrypt』或『decrypt』，然後將
他們的回應存到變數 **task**。

```
def get_task():
    task = simpledialog.askstring('Task', 'Do you want to encrypt or decrypt?')
    return task
```

回傳變數 **task** 的值給呼叫
這個函式的程式碼。

這個單字是對話盒的標
題名稱。

**4** 取得玩家輸入的訊息
我們還要再建立一個新函式 **get_message()**，負
責開啟對話盒，請使用者輸入訊息：『encrypt』或
『decrypt』。請在步驟 3 的程式碼下面，新增以下
的程式碼。

這行程式碼是請使用者輸入訊
息，再將輸入的內容存到變數
**message**。

```
def get_message():
    message = simpledialog.askstring('Message', 'Enter the secret message: ')
    return message
```

回傳變數 **message** 的值給呼叫這個
函式的程式碼。

**5** 啟用 **tkinter** 模組
右邊的命令是啟用 **tkinter** 模組和開啟一個 **tkinter** 視窗。請在步驟 4 的程式碼下面，輸入右邊的函式。

```
root = Tk()
```

如果覺得 tkinter 視窗會造成干擾，加入範例「專家知識庫」用過的程式碼 **root.withdraw** 就能隱藏這個視窗。

**6** 開始執行迴圈
完成產生介面的函式後，現在我們要新增一個 **while** 迴圈，以正確的順序呼叫這些函式。請在步驟 5 的命令下面，插入以下這一段粗體字程式碼。

```
while True:
    task = get_task()
    if task == 'encrypt':
        message = get_message()
        messagebox.showinfo('Message to encrypt is:', message)
    elif task == 'decrypt':
        message = get_message()
        messagebox.showinfo('Message to decrypt is:', message)
    else:
        break
root.mainloop()
```

知道使用者想要哪個功能。

取得準備加密的祕密訊息。

在訊息對話盒顯示訊息。

取得準備解密的祕密訊息

在訊息對話盒顯示訊息。

如果使用者輸入的文字不是『encrypt』或『decrypt』，就停止執行迴圈。

tkinter 模組持續運作。

**7** 測試程式
執行程式碼看看我們到目前為止的成果。首先出現的輸入對話盒會詢問使用者想對訊息加密還是解密，接著出現的輸入對話盒則是讓使用者輸入祕密訊息，最後出現的是訊息對話盒，負責顯示加密後或解密後的訊息。執行程式時如果出現問題，請仔細檢查程式碼。

請使用者輸入想執行哪個功能。

如果執行程式後看不到這個輸入對話盒，找找看是不是藏在程式和 Shell 視窗背後。

請使用者輸入祕密訊息。

避免使用大寫字母，因為會提高解密訊息的難度。

按下「OK」按鈕之前，請檢查訊息是否正確。

# 加密訊息！

我們已經把使用者介面都搞定了，現在該寫程式碼來幫使用者加密和解密他們輸入的祕密訊息。

加密訊息？
我以為你要的是炒蛋！

英文小教室
本書幽默地將「scrambled」設計成雙關語：加密／炒（蛋）。

**8** **訊息的字母個數是偶數嗎？**

接著，我們要產生一個函式，告訴程式訊息的字母個數是不是偶數。函式會用模數運算子（%，modulo operator）檢查字母個數是不是能被 2 整除而且沒有餘數，如果是（True），字母個數就是偶數。請在步驟 2 的程式碼下面，新增這個函式的程式碼。

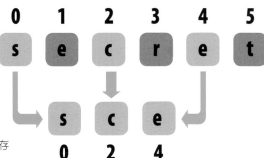

### 程式高手秘笈

## 模數運算子（modulo operator）

只要把模數運算子（%）放在兩個數字之間，Python 程式就會告訴我們第一個數字除以第二個數字所獲得的餘數。所以（**4 % 2**）的運算結果是 0，但（**5 % 2**）是 1，因為 5 除以 2 的餘數是 1。如果想練習用用看這個運算子，請在 Shell 視窗裡輸入這裡舉的例子。

```python
def is_even(number):
    return number % 2 == 0
```

回傳 True 或 False 給程式碼。

如果計算出來的數字是偶數，結果就是 True。

**9** **取出位置編號為偶數的字母**

我們在這一步產生的函式負責從訊息裡取出位置編號為偶數的字母，並且產生一個清單來放這些字母。函式使用 **for** 迴圈，迴圈變數的範圍是 0 到 **len(message)**（訊息的總字母個數），檢查字串裡的所有字母。請在步驟 8 的程式碼下面，新增以下這個函式的程式碼。

產生一個清單變數，負責儲存位置編號為偶數的字母。

```python
def get_even_letters(message):
    even_letters = []
    for counter in range(0, len(message)):
        if is_even(counter):
            even_letters.append(message[counter])
    return even_letters
```

檢查訊息裡的所有字母

如果字母的位置編號是偶數，Python 會將這個字母新增到清單裡的最後一個位置。

將這個清單變數回傳給呼叫這個函式的程式碼。

別忘了儲存你的工作成果。

**10** **取出位置編號為奇數的字母**
接下來要產生的函式和上一步的函式類似,作用是從訊息裡取出位置編號為奇數的字母,然後產生一個清單來放這些字母。請在步驟 9 的程式碼下面,新增以下這個函式。

```python
def get_odd_letters(message):
    odd_letters = []
    for counter in range(0, len(message)):
        if not is_even(counter):
            odd_letters.append(message[counter])
    return odd_letters
```

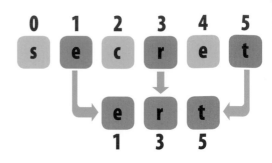

**新手必學技巧**

### 清單長度
Python 在清單和字串裡算位置時都是從 0 開始數,使用函式 `len()` 能計算字串的長度。例如,輸入程式碼 `len('secret')`,Python 會告訴我們字串 `'secret'` 的長度是 6 個字母,然而,由於第一個字母的位置編號是 0,所以最後一個字母會在編號 5 的位置,而不是 6。

**11** **交換字母**
現在我們有兩個清單,一個放偶數位置的字母,另一個放奇數位置的字母,接著就要利用這兩個清單來加密訊息。以下這段程式碼產生的新函式會輪流從兩個清單裡取出字母,再將它們放到新的清單裡,只是在重組這些字母時,新訊息不會從偶數字母開始,而是從奇數字母開始。請在步驟 10 的程式碼下面,新增以下這個函式。

```python
def swap_letters(message):
    letter_list = []
    if not is_even(len(message)):
        message = message + 'x'
    even_letters = get_even_letters(message)
    odd_letters = get_odd_letters(message)
    for counter in range(0, int(len(message)/2)):
        letter_list.append(odd_letters[counter])
        letter_list.append(even_letters[counter])
    new_message = ''.join(letter_list)
    return new_message
```

如果訊息的字母個數是奇數,要額外加入神秘的字母『x』。

連續處理清單裡所有的奇數字母和偶數字母。

將下一個奇數字母新增到最後的訊息裡。

將下一個偶數字母新增到最後的訊息裡。

函式 `join()` 會將清單裡的所有字母轉換成一個字串。

▷ **程式技巧**
函式 `swap_letters()` 的作用是將所有奇數字母和偶數字母兩兩交換,再放進新的清單裡,所以新清單的訊息會從原本訊息的第二個字母開始,也就是位置編號為奇數的字母。

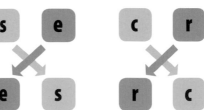

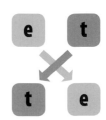

程式高手秘笈

# 整數的位置編號

範例程式將迴圈範圍變數設定為 `len(message)/2`，是因為偶數和奇數字母清單各佔原始訊息字數的一半，所以訊息長度一定要是偶數，如果是奇數，程式就需要在訊息結尾加上一個字母 x，這樣才能被 2 整除。不過，函式計算訊息長度的結果其實是浮點數（有小數點的數，例如，3.0 或 4.0）而非整數（例如，3 或 4），如果直接拿這個浮點數當作清單裡每個資料值的位置編號，Python 程式會出現錯誤訊息，所以要先呼叫函式 `int()` 將浮點數轉換成整數。

```
>>> mystring = 'secret'
>>> mystring[3.0]
Traceback (most recent call last):
  File "<pyshell#1>", line 1, in <module>
    mystring[3.0]
TypeError: string indices must be integers
```

如果使用浮點數（例如，3.0）而非整數（例如，3），Python 程式會出現錯誤訊息。

**12** 更新 while 迴圈

讓函式 `swap_letters()` 真正發揮作用的特性是：如果將已經加密的訊息傳給函式，函式會將訊息解密，也就是說，不論使用者想加密或解密訊息，我們都能呼叫同一個函式來處理。請依照以下的粗體字程式碼，修改步驟 6 寫的 `while` 迴圈。

```python
while True:
    task = get_task()
    if task == 'encrypt':
        message = get_message()
        encrypted = swap_letters(message)
        messagebox.showinfo('Ciphertext of the secret message is:', encrypted)
    elif task == 'decrypt':
        message = get_message()
        decrypted = swap_letters(message)
        messagebox.showinfo('Plaintext of the secret message is:', decrypted)
    else:
        break
root.mainloop()
```

呼叫函式 `swap_letters()` 加密訊息。

顯示經過加密的訊息。

呼叫函式 `swap_letters()` 解密訊息。

顯示經過解密的訊息。

**13** 加密

請測試程式。在標題為「Task」的視窗裡，輸入
『encrypt』（選擇加密訊息），接著會跳出訊息視
窗，請輸入間諜會想保密的那種訊息，試試這
個：『meet me at the swings in the park at noon』！
（中午在公園的鞦韆那等我）

**14** 解密

如果選擇複製已經加密的文字，請在下一次執行迴
圈時，在視窗裡輸入『decrypt』（選擇解密訊息），
接著會跳出訊息視窗，請貼上這個經過加密的訊息，
並且按下『OK』，加密前的原始訊息就會再次出現。

Ciphertext of the secret message is:

**emtem etat ehs iwgn snit ehp ra ktan ooxn**

OK

程式顯示的訊息
已經轉成密文。

Plaintext of the secret message is:

**meet me at the swings in the park at noonx**

OK

祕密特務知道要忽略
這個多出來的『x』。

**15** 解開祕密文字！

我們的祕密通訊程式現在應該能
正常運作了，為了確認它的功
能，請試試看程式能不能解開右
邊這兩個祕密文字。把這個
Python 程式分享給朋友，一起開
始傳送祕密訊息吧！

ewlld no eoy uahevd ceyrtpdet ih sesrctem seaseg

oy uac nsu eelom nujci erom li ksai vnsibieli kn

# 進階變化的技巧

如果敵方特務，像是愛管閒事的兄弟、姊妹攔截了
我們的祕密訊息，這裡建議的一些想法能讓他們更
難讀出祕密訊息。

讓我們移除空白和
標點符號。

▷ 移除空白字元

想提高加密文字的安全性，技巧之一是
移除訊息裡的空白和標點符號字元，例
如，所有的句號和逗號。應用這個技巧
的做法就是在輸入訊息時，不要輸入空
白和標點符號，只要確定互相交換訊息
的朋友們都清楚這個祕密計畫。

# 交換之後再反轉

如果想進一步提高其他人破解加密文字的困難度，可以在函式 **swap_letters()** 完成加密工作後，再將整個訊息反轉。應用這項技巧時，需要產生兩個不同的函式，一個負責加密，另一個負責解密。

將訊息裡的字母互相交換後，再反轉整個訊息。

**1　加密函式**
函式 encrypt() 會先交換字母再將整個字串反轉。請在函式 swap_letters() 下，輸入右邊這幾行程式碼。

```python
def encrypt(message):
    swapped_message = swap_letters(message)
    encrypted_message = ''.join(reversed(swapped_message))
    return encrypted_message
```

將加密過的訊息再反轉回來，回復函式 encrypt() 所做的反轉動作。

**2　解密函式**
接在函式 encrypt() 下面，新增右邊這個函式 decrypt()。函式會將加密過的訊息反轉，再利用函式 swap_letters() 將所有字母放回正確的順序。

```python
def decrypt(message):
    unreversed_message = ''.join(reversed(message))
    decrypted_message = swap_letters(unreversed_message)
    return decrypted_message
```

這行程式碼會將所有字母放回正確的順序。

別忘了儲存你的工作成果。

**3　呼叫新函式**
現在，我們要更新程式碼，將無窮迴圈裡呼叫函式 swap_letters() 的部分，改成呼叫這兩個新函式。

```python
while True:
    task = get_task()
    if task == 'encrypt':
        message = get_message()
        encrypted = encrypt(message)
        messagebox.showinfo('Ciphertext of the secret message is:', encrypted)
    elif task == 'decrypt':
        message = get_message()
        decrypted = decrypt(message)
    messagebox.showinfo('Plaintext of the secret message is:', decrypted)
    else:
        break
```

以新函式 **encrypt()** 取代原本的函式 **swap_letters()**。

以新函式 **decrypt()** 取代原本的函式 swap_letters()。

# 加入「冒牌」字母

另一種加密訊息的方法是在兩兩成對的字母之間插入隨機選出的字母，所以字母「secret」加密後可能會變成「stegciraelta」或「shevcarieste」，這跟技巧「交換之後再反轉」所做的修改一樣，也需要兩個不同的函式，一個負責加密，另一個負責解密。

所有綠色字母都是冒牌貨。

**s e c r e t**

**s t e g c i r a e l t a**

## 1 新增另一個模組

從 **random** 模組匯入函式 **choice()**，讓程式從字母清單裡選出冒牌字母。請在前幾行程式碼附近，也就是匯入 **tkinter** 函式的程式碼下，輸入右邊的粗體字程式碼。

```
from tkinter import messagebox, simpledialog, Tk
from random import choice
```

## 2 加密

加密訊息前，我們要先建立冒牌字母清單，這些是之後要插入真正字母之間的字母。以下程式碼在每次執行迴圈時，會依序取出訊息裡一個真的字母和一個冒牌的字母，然後將這兩個字母一起放進清單 encrypted_list。

這封信件是假的嗎？

英文小教室
本書幽默地將「letter」設計成雙關語：字母／信件。

```
def encrypt(message):
    encrypted_list = []
    fake_letters = ['a', 'b', 'c', 'd', 'e', 'f', 'g', 'i', 'r', 's', 't', 'u', 'v']
    for counter in range(0, len(message)):
        encrypted_list.append(message[counter])
        encrypted_list.append(choice(fake_letters))
    new_message = ''.join(encrypted_list)
    return new_message
```

在真的字母之間加入冒牌字母。

取出訊息裡的一個字母加入清單 encrypted_list。

取出一個冒牌字母加入清單 encrypted_list。

將清單 encrypted_list 的所有字母轉換成字串。

**3** **解密**

解密訊息時要做的工作相當簡單,因為在加密過後的訊息裡,所有偶數字母都是取自加密前的訊息,所以,我們只要呼叫函式 **get_even_letters()**,取出這些偶數字母就可以回復原本的訊息。

解密字母很簡單。

```
def decrypt(message):
    even_letters = get_even_letters(message)
    new_message = ''.join(even_letters)
    return new_message
```

取出原始訊息裡的字母。

將變數 **even_letters** 轉換成字串。

英文小教室
本書幽默地將
「infinite loop」
設計成雙關語:
無窮迴圈 / 超大
圓環。

**4** **呼叫新函式**

現在,我們要更新程式碼,將無窮迴圈裡呼叫函式 **swap_letters()** 的部分,改成呼叫新函式 **encrypt()** 和 **decrypt()**。請將以下粗體字部分的修改加入程式碼。

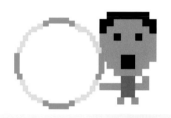

我必須更新這個超大圓環!

```
while True:
    task = get_task()
    if task == 'encrypt':
        message = get_message()
        encrypted = encrypt(message)
        messagebox.showinfo('Ciphertext of the secret message is:', encrypted)
    elif task == 'decrypt':
        message = get_message()
        decrypted = decrypt(message)
        messagebox.showinfo('Plaintext of the secret message is:', decrypted)
    else:
        break
root.mainloop()
```

以新函式 **encrypt()** 取代原本的函式 **swap_letters()**。

以新函式 **decrypt()** 取代原本的函式 **swap_letters()**。

▷ **多重加密**

如果想讓加密文字變得更複雜,可以考慮結合前面介紹的所有修改技巧。例如,先在真的字母間加入冒牌字母,然後將字母兩兩交換,最後再反轉整個訊息!

我的祕密程式現在更安全了!

# 電子寵物

你曾希望在電腦上寫作業時，有電子寵物陪伴左右嗎？這個範例正是要帶我們創造一隻電子寵物，「住在」電腦螢幕的角落裡。雖然是養電子寵物，我們還是要花時間好好照顧它，讓它天天開心。

△ **開心的表情**
如果用滑鼠游標「摸摸」這隻電子寵物，它會雙頰泛紅，面露開心的微笑。

## 範例說明

執行範例程式會看到一隻電子寵物坐在視窗裡，臉上帶著微笑，開心地對我們眨眨眼。這隻可愛的天藍色小夥伴平常會像視窗裡這樣帶著微笑，根據我們在螢幕上和它互動的方式，它會露出各種不同的表情，有時開心、有時調皮地扮鬼臉，甚至是感到傷心。不過，有一點倒是不用擔心，這隻寵物非常和善，就算它覺得無聊，也不會跑過來咬我們一口！

△ **調皮的表情**
如果用滑鼠點擊這隻電子寵物，對它「搔搔癢」，它會調皮地吐舌頭。

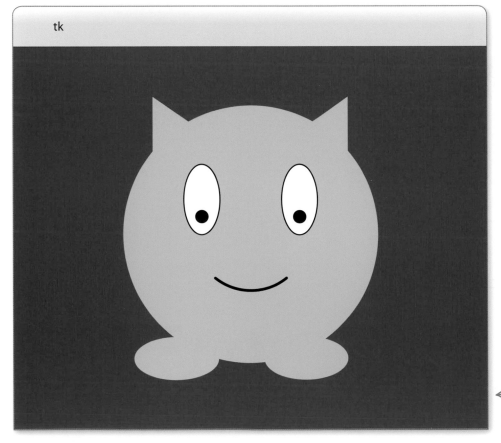

△ **傷心的表情**
如果不理電子寵物，它會感到傷心，這時要趕快摸摸它，讓它高興起來。

使用 tkinter 視窗顯示電子寵物。

# 程式技巧

這個範例程式利用 tkinter 模組的函式 `root.mainloop()` 建立 while 迴圈，不斷地檢查使用者是否輸入任何操作，迴圈會持續運作直到使用者關閉 tkinter 模組建立的主視窗。這就是範例「專家知識庫」裡介紹過的圖形化使用者介面，透過點擊按鈕或輸入文字，讓使用者和程式進行互動。

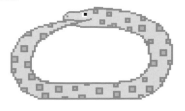

來吧！
繼續前進吧！

▷ **利用主迴圈顯示動畫**
這個範例程式利用函式 `root.mainloop()`，在 tkinter 視窗裡顯示動畫。只要主迴圈裏的函式在設定的時間改變圖片，就能讓電子寵物出現時，像是自己在視窗裡移動。

**知識補給站**

## 事件驅動程式（Event-driven program）

「電子寵物」這個範例屬於事件驅動程式，意思是程式要做哪些事以及做這些事的順序，都是根據使用者的輸入來決定。程式會檢查使用者的操作，例如，使用者是否按下按鍵和點擊滑鼠，再根據每項操作，呼叫不同的處理函式。文書處理程式、電子遊戲和繪圖程式也都屬於事件驅動程式。

▽ **程式流程圖**
以下流程圖說明程式在執行一連串的行動和下決定時，使用者輸入的操作會對這些行動和決定造成什麼影響。主程式是一個無窮迴圈，不斷地改變寵物的快樂值，使用變數追蹤電子寵物的心情。

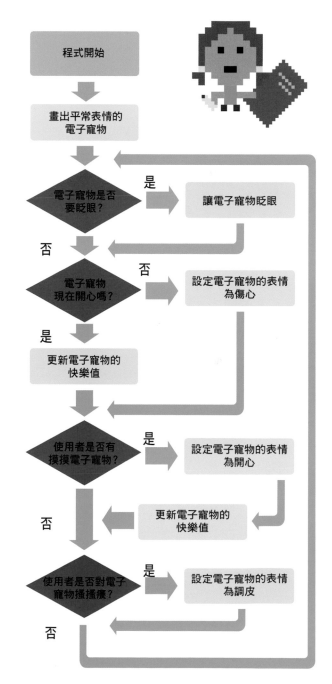

# 繪製電子寵物

讓我們開始吧！首先，我們需要產生一個視窗，讓電子寵物住在裡面，接著，寫一些程式碼，在螢幕上畫出電子寵物。

我畫你的時候，待在那裡別動！

**1** **建立新檔**
開啟 IDLE 工具。點擊工具列的『File』（檔案），選擇『New File』（新增檔案），將檔名存成『screen_pet.py』。

這行程式碼的目的是從 Python 的 **tkinter** 模組匯入幾個範例程式需要的元件。

**2** **匯入 tkinter 模組**
程式一開始要先從 Python 的 **tkinter** 模組匯入幾個需要的元件。請輸入右邊的程式碼，目的是產生 **tkinter** 視窗，讓電子寵物住在裡面。

```python
from tkinter import HIDDEN, NORMAL, Tk, Canvas
root = Tk()
```

產生 **tkinter** 視窗。

一個 400 像素 × 400 像素的畫布。

視窗背景顏色是深藍色。

**3** **建立新畫布**
接著，在視窗裡設置一個深藍色的畫布物件『c』，程式會在這個畫布上繪製電子寵物。請在產生 **tkinter** 視窗的程式碼下面，新增右邊的粗體字程式碼，這四行新程式碼是主程式的開頭部分。

```python
from tkinter import HIDDEN, NORMAL, Tk, Canvas
root = Tk()
c = Canvas(root, width=400, height=400)
c.configure(bg='dark blue', highlightthickness=0)
c.pack()
root.mainloop()
```

這個命令負責安排 **tkinter** 視窗裡的所有物件。

**c** 開頭的命令都跟畫布元件有關。

這行程式碼會啟動一個函式，負責接收輸入事件，例如點擊滑鼠。

**4** **執行程式**
請執行程式碼，看看會產生什麼結果。注意到了嗎？現在的程式只能顯示一個深藍色背景的普通視窗，看起來無趣又空洞，所以我們需要一隻電子寵物！

tk

別忘了儲存你的工作成果。

**5** 開始動手畫！

請在最後兩行程式碼上面，新增以下這段粗體字程式碼，目的是在視窗裡畫出電子寵物。每一行程式碼分別負責畫出寵物身體的一個部分，程式碼裡的數字代表座標，指示 tkinter 物件在哪個位置畫出什麼內容。

變數 c.body_color 儲存寵物身體的顏色，表示我們不需要一直輸入 'SkyBlue1'。

```
c.configure(bg='dark blue', highlightthickness=0)
c.body_color = 'SkyBlue1'
body = c.create_oval(35, 20, 365, 350, outline=c.body_color, fill=c.body_color)
ear_left = c.create_polygon(75, 80, 75, 10, 165, 70, outline=c.body_color, fill=c.body_color)
ear_right = c.create_polygon(255, 45, 325, 10, 320, 70, outline=c.body_color, \
                            fill=c.body_color)
foot_left = c.create_oval(65, 320, 145, 360, outline=c.body_color, fill= c.body_color)
foot_right = c.create_oval(250, 320, 330, 360, outline=c.body_color, fill= c.body_color)

eye_left = c.create_oval(130, 110, 160, 170, outline='black', fill='white')
pupil_left = c.create_oval(140, 145, 150, 155, outline='black', fill='black')
eye_right = c.create_oval(230, 110, 260, 170, outline='black', fill='white')
pupil_right = c.create_oval(240, 145, 250, 155, outline='black', fill='black')

mouth_normal = c.create_line(170, 250, 200, 272, 230, 250, smooth=1, width=2, state=NORMAL)

c.pack()
```

程式碼裡的「left」（左）和「right」（右）是指我們面向螢幕時，視窗的左邊和右邊。

這三組座標負責定義寵物嘴巴的起點、中心點和終點。

這個嘴巴是一條平滑的弧線，寬度為 2 個像素。

---

程式高手秘笈

## tkinter 座標

這個範例中的繪圖指令會用到 x、y 座標。**tkinter** 視窗裡的 x 座標值是從視窗左邊的 0 開始，往右增加，直到 400 為止；y 座標值則是從視窗上方的 0 開始，往下逐漸增加，直到 400 為止。

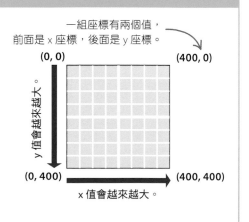

一組座標有兩個值，前面是 x 座標，後面是 y 座標。

(0, 0) ────────── (400, 0)

y 值會越來越大。

(0, 400) ────────── (400, 400)

x 值會越來越大。

**6** 再次執行程式

請再次執行程式。成功的話，會在 **tkinter** 視窗的中央看到一隻電子寵物坐在那裡。

# 電子寵物眨眨眼

我們的電子寵物看起來很可愛,但不會做出任何反應!讓我們寫點程式碼讓它眨眨眼。我們需要產生兩個函式:一個負責張開和閉上眼睛,另一個負責控制這兩個狀態的停留時間。

要讓寵物眨眼,眼睛要填滿深藍色,並且讓瞳孔消失。

**7** **張開眼睛、閉上眼睛**

請在第一行程式碼下面,建立函式 `toggle_eyes()`。作用是隱藏瞳孔,將眼睛填入和身體一樣的顏色,如此一來,看起來就像是寵物閉上眼睛,並且在張開眼睛和閉上眼睛這兩個狀態間切換。

程式碼會先檢查眼睛目前的顏色:白色是張開眼睛,藍色是閉上眼睛。

這行程式碼是將記錄眼睛顏色的變數 `new_color` 設成相反值。

程式碼檢查瞳孔目前的狀態是 NORMAL(正常,能看到瞳孔)還是 HIDDEN(隱藏,看不到瞳孔)。

```python
from tkinter import HIDDEN, NORMAL, Tk, Canvas


def toggle_eyes():
    current_color = c.itemcget(eye_left, 'fill')
    new_color = c.body_color if current_color == 'white' else 'white'
    current_state = c.itemcget(pupil_left, 'state')
    new_state = NORMAL if current_state == HIDDEN else HIDDEN
    c.itemconfigure(pupil_left, state=new_state)
    c.itemconfigure(pupil_right, state=new_state)
    c.itemconfigure(eye_left, fill=new_color)
    c.itemconfigure(eye_right, fill=new_color)
```

這行程式碼將記錄瞳孔狀態的變數 `new_state` 設成相反值。

這兩行程式碼是設定要不要隱藏左右兩個瞳孔。

這兩行程式碼是改變左右兩個眼睛的顏色。

## 知識補給站

# toggle 事件

程式裡的「toggle 事件」是指在兩個狀態間切換,例如,在房子裡「切換」燈光,就是輪流開關燈。所以,讓電子寵物眨眼的程式碼就是讓寵物的眼睛在張開眼睛和閉上眼睛這兩個狀態間切換。如果執行程式時,寵物是閉上眼睛的狀態,程式會讓眼睛改成張開;如果是在張開眼睛的狀態,就改成閉上。

打開燈!

只要你把燈切換回來!

**8** **貼近真實的眨眼**

想讓電子寵物真的像在眨眼睛，就必須讓眼睛先短暫閉上，然後再張開眼睛一段時間。請在步驟 7 的程式碼下面，新增右邊這一段粗體字的函式。作用是讓電子寵物眨眼 1/4 秒（250 微秒），然後設定函式 `mainloop()` 在 3 秒（3000 微秒）之後，再次呼叫這個眨眼函式。

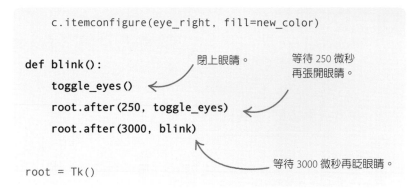

```
c.itemconfigure(eye_right, fill=new_color)

def blink():                          閉上眼睛。    等待 250 微秒
    toggle_eyes()                                  再張開眼睛。
    root.after(250, toggle_eyes)
    root.after(3000, blink)

                                      等待 3000 微秒再眨眼睛。

root = Tk()
```

**9** **動起來！**

將右邊這行粗體字程式碼加入主程式，放在最後一行程式碼的前面。請執行程式，成功的話，電子寵物會在一秒（1000 微秒）後動起來，坐在那裡開始眨眼，直到使用者關閉視窗為止。

```
root.after(1000, blink)        等待 1000 微秒後
root.mainloop()                再開始眨眼睛。
```

---

# 改變電子寵物的心情

電子寵物現在看起來心情很好，臉上帶點微笑，但我們想讓它更開心，幫它設計一個更大、更燦爛的笑容和開朗、紅潤的臉頰。

**10** **開心的臉**

請在繪製電子寵物的程式碼裡，找出產生「平常」（normal）嘴巴的程式碼，在這行程式碼下面新增以下這段粗體字程式碼。除了開心的嘴巴和粉紅色臉頰，還會畫傷心的嘴巴，不過我們先將它們都隱藏起來。

產生開心的嘴巴　　　　　　　　　　　產生傷心的嘴巴

```
mouth_normal = c.create_line(170, 250,200, 272, 230, 250, smooth=1, width=2, state=NORMAL)
mouth_happy = c.create_line(170, 250, 200, 282, 230, 250, smooth=1, width=2, state=HIDDEN)
mouth_sad = c.create_line(170, 250, 200, 232, 230, 250, smooth=1, width=2, state=HIDDEN)


cheek_left = c.create_oval(70, 180, 120, 230, outline='pink', fill='pink', state=HIDDEN)
cheek_right = c.create_oval(280, 180, 330, 230, outline='pink', fill='pink', state=HIDDEN)

c.pack()
```

這些程式碼負責產生粉紅、害羞的臉頰。

## 11 顯示開心的臉

接著,我們要建立函式 show_happy()。作用是當我們將滑鼠移動到電子寵物身上摸摸它,它會露出開心的表情。請在步驟 8 新增的函式 blink() 下面,輸入以下這段粗體字程式碼。

### 知識補給站

## 事件處理器(Event handler)

函式 show_happy() 是一種事件處理器,意思是只有當特定事件發生時才會呼叫這個函式來處理。在這個範例程式裡,使用者摸摸寵物時,程式會呼叫函式 show_happy()。在現實生活裡,你會呼叫函式「拖地」來處理「飲料灑出」事件!

我討厭拖地!

這行 if 陳述式負責檢查滑鼠游標是否在電子寵物身上。

event.x 和 event.y 是滑鼠游標的座標。

```
root.after(3000, blink)


def show_happy(event):
    if (20 <= event.x <= 350) and (20 <= event.y <= 350):
        c.itemconfigure(cheek_left, state=NORMAL)
        c.itemconfigure(cheek_right, state=NORMAL)
        c.itemconfigure(mouth_happy, state=NORMAL)
        c.itemconfigure(mouth_normal, state=HIDDEN)
        c.itemconfigure(mouth_sad, state=HIDDEN)
    return
```

顯示粉紅色的臉頰。

顯示開心的嘴巴。

隱藏平常的嘴巴。

隱藏傷心的嘴巴。

### 程式高手秘笈

## 焦點視窗

唯有當 tkinter 視窗是「焦點」視窗,它才能知道使用者的滑鼠游標正在視窗上移動,確認使用者是否正在摸摸電子寵物。只要隨意點擊視窗上的任何位置,就能讓焦點回到視窗。

我正聚焦在視窗上!

## 12 讓電子寵物開心

程式開始執行後,就算我們什麼都沒做,電子寵物還是會眨眨眼,但如果希望我們用滑鼠摸摸它時,能讓它看起來很開心,就必須告訴程式要留意什麼事件。tkinter 模組將這種滑鼠游標在視窗上移動的行為稱為 <Motion> 事件,使用 tkinter 模組的函式 bind(),能將這個事件與處理函式相互連動。請在主程式裡新增下面這行粗體字程式碼,然後執行程式,試著摸摸電子寵物。

```
c.pack()

c.bind('<Motion>', show_happy)

root.after(1000, blink)
root.mainloop()
```

這個命令負責讓滑鼠游標的移動事件與寵物開心的臉產生連動。

**13** 隱藏開心的臉

我們希望只有在我們確實有摸摸電子寵物時，它才會真的露出
開心的表情，所以我們要在函式 **show_happy()** 下面，新增以
下這個新函式 **hide_happy()**，這些新增的程式碼會負責將電
子寵物的表情設定回平常的狀態。

別忘了儲存你的
工作成果。

```python
def hide_happy(event):
    c.itemconfigure(cheek_left, state=HIDDEN)
    c.itemconfigure(cheek_right, state=HIDDEN)
    c.itemconfigure(mouth_happy, state=HIDDEN)
    c.itemconfigure(mouth_normal, state=NORMAL)
    c.itemconfigure(mouth_sad, state=HIDDEN)
    return
```

隱藏粉紅色的臉頰。

隱藏開心的嘴巴。

顯示平常的嘴巴。

隱藏傷心的嘴巴。

**14** 呼叫函式

輸入右邊的粗體字程式碼。作用是當滑
鼠游標離開視窗時，呼叫函式 **hide_
happy()**， 將 **tkinter's** 模 組 的
**<Leave>** 事件與函式 **hide_happy()**
連動。現在請測試程式碼。

```python
c.bind('<Motion>', show_happy)
c.bind('<Leave>', hide_happy)

root.after(1000, blink)
```

---

# 真是個調皮鬼！

到目前為止，我們的電子寵物表現良好。不過，讓我們幫
它加點調皮的個性！接下來新增的程式碼，作用是當我們
以滑鼠雙擊電子寵物，它會吐出舌頭，並且變成鬥雞眼。

**15** 畫電子寵物的舌頭

在繪製電子寵物的程式碼裡，找出產生傷心嘴巴的程式碼，
在這行程式碼下新增以下這段粗體字程式碼。程式將舌頭分
成兩個部分來畫：一個矩形和一個橢圓形。

```python
mouth_sad = c.create_line(170, 250, 200, 232, 230, 250, smooth=1, width=2, state=HIDDEN)
tongue_main = c.create_rectangle(170, 250, 230, 290, outline='red', fill='red', state=HIDDEN)
tongue_tip = c.create_oval(170, 285, 230, 300, outline='red', fill='red', state=HIDDEN)

cheek_left = c.create_oval(70, 180, 120, 230, outline='pink', fill='pink', state=HIDDEN)
```

**16** 設定旗標（flag）

在程式碼裡新增兩個旗標變數，負責追蹤電子寵物的眼睛是不是變成鬥雞眼或是吐出舌頭。請在電子寵物開始眨眼睛的程式碼前面，也就是步驟 9 新增的程式碼前，輸入以下的粗體字程式碼。

```
c.eyes_crossed = False

c.tongue_out = False


root.after(1000, blink)
```

這兩個變數負責記錄瞳孔和舌頭的狀態。

**17** 切換電子寵物的舌頭

這個函式負責切換電子寵物的舌頭，讓它吐出和收回舌頭。請在步驟 11 產生的函式 show_happy() 前面，加入以下這段粗體字程式碼。

### 程式高手秘笈

# 使用旗標變數

旗標變數能幫助我們追蹤程式裡的某件行為，判斷它是不是在兩個狀態裡的其中一個，狀態改變時，就要更新旗標變數的值。例如，廁所門上顯示的「使用中／無人使用」正是一種旗標，當我們關上廁所的門，旗標會設定成「使用中」，打開門鎖時則設定回「無人使用」。

你沒看到它正在使用中嗎？

```
def toggle_tongue():
    if not c.tongue_out:
        c.itemconfigure(tongue_tip, state=NORMAL)
        c.itemconfigure(tongue_main, state=NORMAL)
        c.tongue_out = True
    else:
        c.itemconfigure(tongue_tip, state=HIDDEN)
        c.itemconfigure(tongue_main, state=HIDDEN)
        c.tongue_out = False


def show_happy(event):
```

這行程式碼負責檢查電子寵物是否已經吐出舌頭。

如果電子寵物沒有吐舌頭，這幾行程式碼會負責顯示舌頭。

這行程式碼負責設定旗標變數，表示舌頭在吐出的狀態。

舌頭已經吐出（else）。

這行程式碼是設定旗標變數，表示舌頭在收回的狀態。

再次隱藏舌頭。

我在吐舌頭！

你怎麼了？

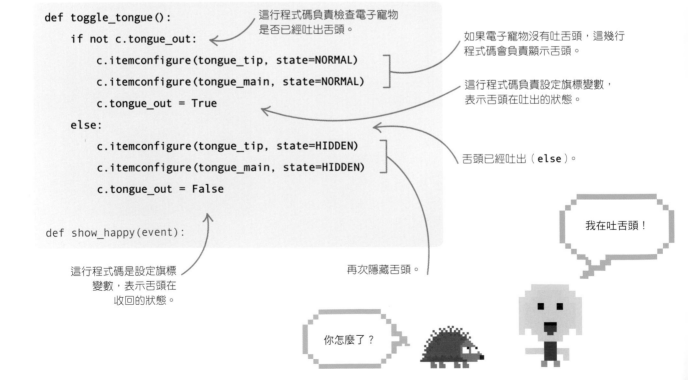

```
root.after(3000, blink)

def toggle_pupils():
    if not c.eyes_crossed:
        c.move(pupil_left, 10, -5)
        c.move(pupil_right, -10, -5)
        c.eyes_crossed = True
    else:
        c.move(pupil_left, -10, 5)
        c.move(pupil_right, 10, 5)
        c.eyes_crossed = False
```

這行程式碼負責檢查電子寵物的眼睛是不是變成鬥雞眼。

如果電子寵物沒有變成鬥雞眼，這行程式碼會移動兩個瞳孔，讓它們靠近。

這行程式碼是將瞳孔移回正常的位置。

### 18 切換電子寵物的瞳孔

想讓電子寵物變成鬥雞眼表情，必須將瞳孔往臉的內部移動。左邊這個函式 toggle_pupils() 是讓電子寵物的瞳孔在朝內和正常狀態間切換。請在步驟 8 新增的函式 blink() 下，輸入左邊這段粗體字程式碼。

這行程式碼是設定旗標變數，表示眼睛在鬥雞眼的狀態。

眼睛已經變成鬥雞眼（else）。

這行程式碼是設定旗標變數，表示眼睛不在鬥雞眼的狀態。

### 19 組合一張調皮臉

接下來產生的函式，能讓電子寵物同時吐舌頭和變成鬥雞眼。請在步驟 17 新增的函式 toggle_tongue() 下面，輸入以下這段程式碼。其中一行使用了函式 root.after()，目的是讓電子寵物在一秒（1000 微秒）後回復正常表情，就跟我們在函式 blink() 所做的一樣。

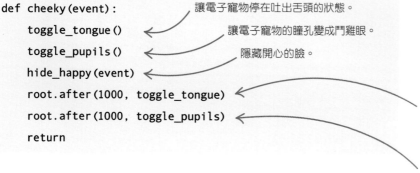

```
def cheeky(event):
    toggle_tongue()
    toggle_pupils()
    hide_happy(event)
    root.after(1000, toggle_tongue)
    root.after(1000, toggle_pupils)
    return
```

讓電子寵物停在吐出舌頭的狀態。

讓電子寵物的瞳孔變成鬥雞眼。

隱藏開心的臉。

1000 微秒後把舌頭收回去。

1000 微秒後把瞳孔變回正常狀態。

別忘了儲存你的工作成果。

### 20 連動滑鼠雙擊事件和調皮臉

想觸發電子寵物的調皮表情，我們將滑鼠雙擊事件與函式 cheeky() 連動。請在步驟 14 新增的程式碼下面，輸入以下這行粗體字程式碼，作用是隱藏電子寵物的開心臉。請執行程式碼並且雙擊滑鼠，看看電子寵物的調皮臉！

```
c.bind('<Motion>', show_happy)
c.bind('<Leave>', hide_happy)
c.bind('<Double-1>', cheeky)
```

tkinter 模組將在視窗裡雙擊滑鼠的行為稱為 <Double-1> 事件。

# 傷心的寵物

如果我們一直不關心電子寵物，程式就會向電子寵物告狀，所以，只要我們一分鐘左右沒有摸摸寵物，這隻可憐、不受重視的寵物就會露出傷心的臉！

**21** **設定電子寵物的快樂值**

在步驟 16 新增旗標變數的程式碼前面，加入以下這行粗體字程式碼，目的是設定電子寵物的快樂值。執行程式後，繪製電子寵物時會將快樂值的初始值先設為 10。

```
c.happy_level = 10
c.eyes_crossed = False
```

電子寵物一開始的快樂值是 10。

**22** **建立新命令**

在步驟 9 新增的觸發電子寵物眨眼的命令下面，輸入以下這行粗體字程式碼。作用是讓主迴圈 mainloop() 在五秒（5000 微秒）後，呼叫步驟 23 會新增的函式 sad()。

```
root.after(1000, blink)
root.after(5000, sad)
root.mainloop()
```

看看那隻可憐、傷心又不受重視的寵物！

**23** **撰寫函式 sad()**

在函式 hide_happy() 下面新增以下這個函式，負責檢查 c.happy_level 的值是否為 0，如果是，就將電子寵物的表情改成傷心；如果不是，就將 c.happy_level 的值減 1。和函式 blink() 一樣，這個函式也會提醒主迴圈 mainloop() 在五秒後重新呼叫它。

```
def sad():
    if c.happy_level == 0:
        c.itemconfigure(mouth_happy, state=HIDDEN)
        c.itemconfigure(mouth_normal, state=HIDDEN)
        c.itemconfigure(mouth_sad, state=NORMAL)
    else:
        c.happy_level -= 1
    root.after(5000, sad)
```

這行程式碼負責檢查 c.happy_level 的值是否為 0。

如果 c.happy_level 的值為 0，程式碼會隱藏開心和平常的表情。

這行程式碼負責將電子寵物的表情設定為傷心。

c.happy_level 的值大於 0（else）。

c.happy_level 的值減 1。

在 5000 微秒後呼叫函式 sad()。

**24** 開心點，電子寵物！

那有沒有什麼方法能讓電子寵物停止傷心呢？或是在它心情不佳時，為它加油打氣呢？幸運的是，我們有方法！只要點擊視窗，然後摸摸電子寵物就行啦。請在步驟 11 寫的函式 show_happy() 裡面，新增以下這行粗體字程式碼。現在，這個函式能重新設定 c.happy_level 的值回到 10，讓電子寵物再次展開笑顏。請執行程式碼，如果看到寵物傷心了，趕快摸摸它，讓它高興起來！

別忘了儲存你的工作成果。

```
    c.itemconfigure(mouth_normal, state = HIDDEN)
    c.itemconfigure(mouth_sad, state = HIDDEN)
    c.happy_level = 10
return
```

這行程式碼會將電子寵物的快樂值重新設回 10。

# 進階變化的技巧

範例中的電子寵物是你理想中的寵物嗎？如果不是，那就改變它的行為或新增一些額外的特徵吧！以下這些想法能幫助你設計一隻個人專屬的電子寵物。

## 更友善，不要太調皮

如果你不喜歡調皮的寵物，可以改成當你以滑鼠雙擊寵物時，讓它展現一張友善的臉，取代範例中的粗魯表情。

程式高手秘笈

### 提高寵物的快樂值

如果我們在寫作業時，還必須一直摸摸電子寵物，幫它搔搔癢，這樣就沒辦法專心寫作業啦！所以，為了讓寵物不要經常陷入傷心的狀態，可以在程式一開始先將 c.happy_level 的初始值設高一點。

增加這個數值。

```
c.happy_level = 10
c.eyes_crossed = False
```

**1** 在函式 blink() 下面，新增右邊這個函式。寫法和函式 blink() 的程式碼類似，但只會切換一隻眼睛的狀態。

```
def toggle_left_eye():
    current_color = c.itemcget(eye_left, 'fill')
    new_color = c.body_color if current_color == 'white'   else 'white'
    current_state = c.itemcget(pupil_left, 'state')
    new_state = NORMAL if current_state == HIDDEN else HIDDEN
    c.itemconfigure(pupil_left, state=new_state)
    c.itemconfigure(eye_left, fill=new_color)
```

**2** 下面這個函式的目的是讓電子寵物眨眼時，左邊的眼睛會閉上和張開各一次。請在函式 **toggle_left_eye()** 下面，輸入以下的程式碼。

```
def wink(event):
    toggle_left_eye()
    root.after(250, toggle_left_eye)
```

**3** 最後要記得修改主程式裡的命令，將和雙擊滑鼠事件（**<Double-1>**）連動的函式，從原本的 **cheeky()** 改成新的函式 **wink()**。

```
c.bind('<Double-1>', wink)
```

將原本的函式名稱 **cheeky** 改成 **wink**。

# 彩虹寵物

只要改變 **c.body_color** 的值，輕輕鬆鬆就能變出不同顏色的電子寵物。如果你有選擇困難症，無法決定要選哪個顏色的寵物，可以新增以下這個函式，不停地幫電子寵物換顏色吧！

**1** 首先，匯入 Python 的 **random** 模組。在匯入 **tkinter** 模組的程式碼下面，新增右邊這行粗體字程式碼。

```
from tkinter import HIDDEN, NORMAL, Tk, Canvas
import random
```

**2** 請在主程式前面輸入下面這個新函式 **change_color()** 的程式碼。作用是從清單 **pet_colors** 裡挑選一個新的顏色，然後指定給變數 **c.body_color**，最後再以這個新顏色畫電子寵物的身體。由於程式碼用了函式 **random.choice**，我們永遠無法確定寵物下次會變成哪個顏色！

```
def change_color():
    pet_colors = ['SkyBlue1', 'tomato', 'yellow', 'purple', 'green', 'orange']
    c.body_color = random.choice(pet_colors)]
    c.itemconfigure(body, outline=c.body_color, fill=c.body_color)
    c.itemconfigure(ear_left, outline=c.body_color, fill=c.body_color)
    c.itemconfigure(ear_right, outline=c.body_color, fill=c.body_color)
    c.itemconfigure(foot_left, outline=c.body_color, fill=c.body_color)
    c.itemconfigure(foot_right, outline=c.body_color, fill=c.body_color)
    root.after(5000, change_color)
```

讓電子寵物變色的顏色清單。

這行程式碼負責從清單裡隨機選出一種顏色。

這些程式碼負責將電子寵物的身體、腳和耳朵塗上新顏色。

程式在 5000 微秒（5 秒）後，再次呼叫函式 change_color()。

**3** 請在主程式最後一行的程式碼前面，新增右邊這行程式碼。目的是在程式執行後，讓主迴圈 mainloop() 每隔 5 秒（5000 微秒）呼叫一次函式 change_color()。

```
root.after(5000, change_color)
```

程式執行後，
寵物會開始每隔 5 秒就變色一次。

**4** 當然，你也能修改程式碼裡的變數值，讓電子寵物的顏色不要變換得太頻繁，將清單裡的顏色改成喜歡的顏色或是增加更多的顏色。

# 餵我吃東西！

電子寵物不僅需要我們摸摸它、幫它搔搔癢，它還需要食物。有什麼方法能餵寵物吃東西，讓它保持健康嗎？

**1** 或許可以考慮在電子寵物居住的視窗裡加一個「Feed me!」（餵我！）的按鈕。當使用者按下這個按鈕時，就呼叫函式 feed()。

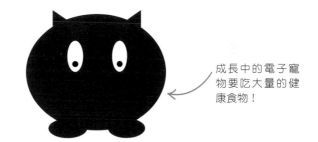

成長中的電子寵物要吃大量的健康食物！

**2** 甚至可以設定在使用者按下「Feed me!」（餵我！）幾次後，讓電子寵物長大。下面這行程式碼能讓寵物的身體變大。

這行程式碼能將組成電子寵物身體的橢圓形重新改造。

```
body = c.create_oval(15, 20, 395, 350, outline=c.body_color, fill=c.body_color)
```

**3** 最後，我們還要再加上一些程式。當電子寵物沒有獲得足夠的食物，就讓它的身體縮小，回到原來的體型。

▷ **清理便便！**

餵電子寵物吃東西後，會產生另外一個問題，就是……它也需要便便！我們可以寫一些程式碼，讓寵物在吃完食物一段時間後便便；增加一個「Clean up」（清理）按鈕，當使用者點擊「Clean up」（清理），程式會呼叫處理函式來移除便便。

**程式高手秘笈**

## 更大的視窗

如果你覺得在電子寵物居住的視窗裡加入按鈕或其他特性後，寵物可能會覺得視窗變的太擁擠，住起來不夠舒適，那你可以考慮加大 tkinter 視窗的空間。想讓視窗變大，請找到主程式一開始建立畫布的命令，修改視窗的長和寬。

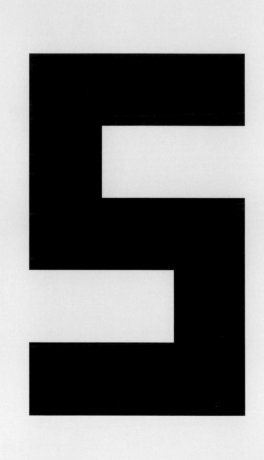

# Python 新手
# 玩遊戲

# 毛毛蟲餓了

如果這個程式讓你胃口大開,別擔心,你不是唯一的那一個,因為這個範例的主角──飢餓的毛毛蟲也是。利用 Python 的 turtle 繪圖模組,你也能讓遊戲角色動起來,並且使用鍵盤控制螢幕上的角色。

> 或許你該展開新的一葉!

英文小教室
本書幽默地將「leaf」設計成雙關語:
紙張頁數／葉子。

## 範例說明

這個範例會帶我們學習如何利用四個方向鍵,控制毛毛蟲在螢幕上移動的方向,讓它去「吃」葉子。每吃掉一片葉子就能得到一分,同時毛毛蟲會變得更胖、移動速度更快,逐漸提升遊戲的難度。請努力讓毛毛蟲留在視窗裡,一旦它跑出視窗,遊戲會立刻結束!

遊戲視窗右上角會顯示玩家目前的得分。

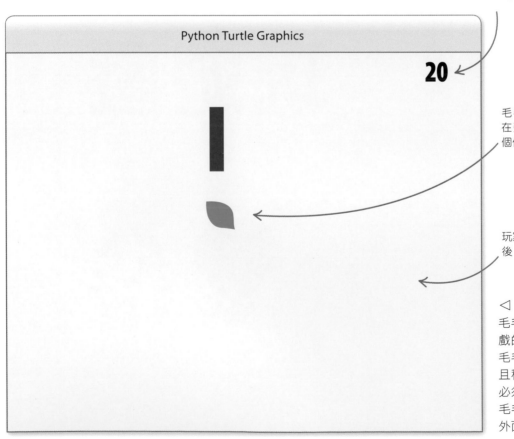

毛毛蟲吃掉的葉子會消失在螢幕上,然後隨機在某個位置出現一片新的葉子。

玩家點擊螢幕,按下空白鍵後,就能開始進行遊戲。

### ◁ 逐漸增加難度

毛毛蟲吃掉的葉子越多,遊戲的難度也會逐漸提高。當毛毛蟲的身體變得更長,而且移動速度更快時,玩家也必須提高反應速度,否則,毛毛蟲會一溜煙地跑到螢幕外面喔。

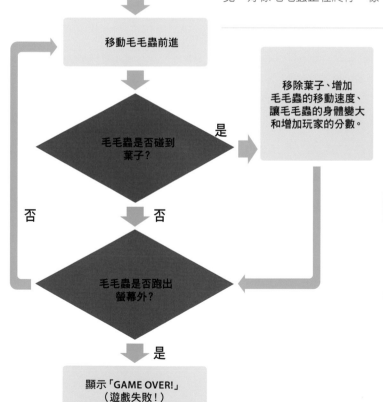

程式開始

產生兩個turtle物件
——毛毛蟲和葉子，
並且設定它們的
屬性。

設定各個變數的
初始值，例如，
毛毛蟲的移動速度、
毛毛蟲身體的大小
和玩家的分數。

移動毛毛蟲前進

移除葉子、增加
毛毛蟲的移動速度、
讓毛毛蟲的身體變大
和增加玩家的分數。

毛毛蟲是否碰到
葉子？　是

否　否

毛毛蟲是否跑出
螢幕外？

是

顯示「GAME OVER!」
（遊戲失敗！）

程式結束

## 程式技巧

這個範例程式使用了兩個 turtle 繪圖模組產生的物件：一個負責畫毛毛蟲，另一個負責畫葉子。程式會隨機設定每片新葉子出現的位置，當程式偵測到葉子被吃掉，會增加儲存分數的變數值、毛毛蟲移動的速度和身體的長度。還撰寫了一個函式，負責檢查毛毛蟲是否跑出視窗外，以及通知玩家遊戲結束。

◁ **程式流程圖**

為了讓毛毛蟲在螢幕上四處移動，這個程式使用了無窮迴圈。每執行一次迴圈，毛毛蟲就會前進一點，當程式快速執行迴圈，這些小小的移動會創造出一種錯覺，好像毛毛蟲正在爬行一樣。

## 初期的準備工作

這麼有趣的遊戲，程式碼卻出乎意料地直覺。首先，設定 turtle 繪圖物件，然後撰寫負責遊戲運作的主迴圈，最後則是完成控制鍵盤的程式碼。

**1** **建立新檔**

開啟 IDLE 工具，建立新檔，將檔案名成儲存為『caterpillar.py』。

**2** **匯入模組**

新增以下這兩行**匯入**（import）模組的陳述式，目的是讓 Python 程式知道我們需要使用 **turtle** 繪圖模組和 **random** 模組。第三行程式是設定遊戲視窗的背景顏色。

設定視窗背景
為黃色。

```
import random
import turtle as t

t.bgcolor('yellow')
```

**3** **建立毛毛蟲繪圖物件**
現在，我們要產生一個 turtle 繪圖物件，負責擔任毛毛蟲。請新增右邊的程式碼，這段程式碼負責產生 turtle 物件，設定它的顏色、形狀和速度；函式 **caterpillar.penup()** 讓 turtle 物件先收起畫筆，這樣 turtle 物件在螢幕上移動時，才不會一路留下痕跡。

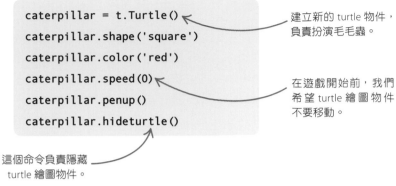

```
caterpillar = t.Turtle()
caterpillar.shape('square')
caterpillar.color('red')
caterpillar.speed(0)
caterpillar.penup()
caterpillar.hideturtle()
```

建立新的 turtle 物件，負責扮演毛毛蟲。

在遊戲開始前，我們希望 turtle 繪圖物件不要移動。

這個命令負責隱藏 turtle 繪圖物件。

**4** **建立葉子繪圖物件**
在步驟 3 的程式碼下面，輸入右邊這幾行程式碼，目的是產生第二個 turtle 繪圖物件，負責畫葉子。這段程式碼使用 6 組座標來畫一片葉子的形狀，turtle 繪圖物件知道這個形狀後，就能重複利用這些詳細資料畫出更多片葉子。呼叫函式 **hideturtle()**，隱藏螢幕上的 turtle 物件。

這個 turtle 繪圖物件負責畫葉子。

由這些座標組成葉子的形狀。

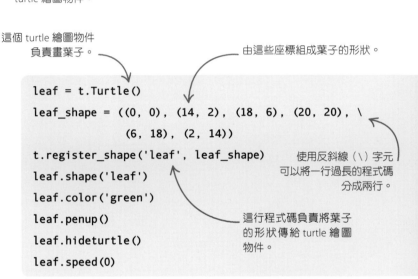

```
leaf = t.Turtle()
leaf_shape = ((0, 0), (14, 2), (18, 6), (20, 20), \
              (6, 18), (2, 14))
t.register_shape('leaf', leaf_shape)
leaf.shape('leaf')
leaf.color('green')
leaf.penup()
leaf.hideturtle()
leaf.speed(0)
```

使用反斜線（\）字元可以將一行過長的程式碼分成兩行。

這行程式碼負責將葉子的形狀傳給 turtle 繪圖物件。

**5** **新增一些文字**
接著，我們要在遊戲裡再新增兩個 turtle 繪圖物件。一個負責在遊戲開始前顯示訊息，提示玩家要按空白鍵，才能開始進行遊戲；另一個負責在視窗右上角顯示分數。請接在葉子物件的程式碼下面，新增右邊這幾行程式碼。

後續撰寫的程式碼會需要知道玩家是否已經開始進行遊戲。

```
game_started = False
text_turtle = t.Turtle()
text_turtle.write('Press SPACE to start', align='center',\
                  font=('Arial', 16, 'bold'))
text_turtle.hideturtle()

score_turtle = t.Turtle()
score_turtle.hideturtle()
score_turtle.speed(0)
```

這行程式碼負責在螢幕上顯示一些文字。

這行程式碼是隱藏 turtle 繪圖物件，不是隱藏文字。

新增 turtle 繪圖物件，負責顯示分數。

這個 turtle 繪圖物件必須待在原地不動，才能更新分數。

# 主迴圈

現在我們的 turtle 繪圖物件已經整裝待發，接著要利用程式碼，讓遊戲動起來。

---

**程式高手秘笈**

## 關鍵字 pass

撰寫 Python 程式時，當我們還不確定函式裡要寫哪些程式碼，可以只填上關鍵字 **pass**，後續再回頭完成函式。這有點像玩益智測驗時，先跳過一個問題不答一樣。

---

**6** **預留函式（Placeholder function）**

在 Python 裡，我們可以使用關鍵字 **pass**，延後定義函式的內容，之後再回頭來完成。請在幾個 turtle 繪圖物件的程式碼下面，新增以下這些預留函式，留待後續步驟完成函式的程式碼。

```python
def outside_window():
    pass


def game_over():
    pass


def display_score(current_score):
    pass


def place_leaf():
    pass
```

為了盡快完成程式的基本架構，我們先為函式預留位置，之後再回頭完成函式的程式碼。

---

**7** **啟動遊戲**

請在四個預留函式後，新增函式 **start_game()**，目的是在主要動畫迴圈開始工作前，先設定一些變數和設置螢幕。我們會在下一步完成這個函式剩餘的程式碼，新增一個主迴圈。

這個 turtle 繪圖物件延伸成毛毛蟲的形狀。

```python
def start_game():
    global game_started
    if game_started:
        return
    game_started = True


    score = 0
    text_turtle.clear()


    caterpillar_speed = 2
    caterpillar_length = 3
    caterpillar.shapesize(1, caterpillar_length, 1)
    caterpillar.showturtle()
    display_score(score)
    place_leaf()
```

如果玩家已經開始進行遊戲，就執行命令 **return**，離開這個函式，所以這個函式不會執行第二次。

清除螢幕上的文字。

這行程式碼負責在螢幕上放第一片葉子。

## 8 毛毛蟲動起來

在這個步驟新增的程式碼裡,主迴圈先讓毛毛蟲往前移動一點距離,再執行兩個檢查。首先,檢查毛毛蟲是不是已經碰到葉子,如果已經碰到而且還吃掉葉子,就增加玩家的分數、畫一片新葉子,以及讓毛毛蟲變長而且加快移動速度;接著,迴圈會檢查毛毛蟲是否脫離視窗,如果跑出視窗外,遊戲立刻結束。請在步驟 7 的程式碼下面,新增以下這段粗體字程式碼,加入遊戲的主迴圈。

我從來不知道什麼叫「很餓」?

```
place_leaf()

while True:
    caterpillar.forward(caterpillar_speed)
    if caterpillar.distance(leaf) < 20:
        place_leaf()
        caterpillar_length = caterpillar_length + 1
        caterpillar.shapesize(1, caterpillar_length, 1)
        caterpillar_speed = caterpillar_speed + 1
        score = score + 10
        display_score(score)
    if outside_window():
        game_over()
        break
```

當毛毛蟲和葉子相距不到 20 個像素,就會開始吃葉子。

毛毛蟲已經吃掉這片葉子,所以要新增下一片葉子。

這行程式碼負責讓毛毛蟲變長。

## 9 鍵盤連動函式 & 接收鍵盤訊號

接著,在函式 start_game() 的程式碼下面,新增右邊這幾行程式碼。函式 onkey() 負責讓空白鍵和函式 start_game() 連動,所以,會等到玩家按空白鍵,遊戲才能真的開始執行;函式 listen() 的作用是讓程式接收來自鍵盤的訊號。

```
t.onkey(start_game, 'space')
t.listen()
t.mainloop()
```

玩家按下空白鍵後,就能開始進行遊戲。

## 10 測試程式碼

請執行程式。如果我們寫的程式碼都正確,按下空白鍵後,會看到毛毛蟲在螢幕上一步一步地往前移動,最後爬出螢幕。如果程式無法運作,請仔細檢查程式碼,找找看問題出在哪裡。

我的毛毛蟲爬出螢幕,跑進花園裡了!

# 完成預留函式的程式碼

現在該將預留函式裡的關鍵字 **pass** 換成實際的程式碼。為每個預留函式新增程式碼後，請執行程式，看看會出現什麼變化。

```python
def outside_window():
    left_wall = -t.window_width() / 2
    right_wall = t.window_width() / 2
    top_wall = t.window_height() / 2
    bottom_wall = -t.window_height() / 2
    (x, y) = caterpillar.pos()
    outside = \
            x< left_wall or \
            x> right_wall or \
            y< bottom_wall or \
            y> top_wall
    return outside
```

這個函式會回傳兩個值，資料型態為「tuple」。

如果四個座標裡，有任何一個座標值符合上面的條件，則變數 **outside** 的回傳值為 True（表示毛毛蟲跑出視窗）。

**11** **判斷毛毛蟲待在視窗裡**

請輸入右邊這段粗體字程式碼，完成預留函式 **outside_window()** 的內容。這段程式碼先計算視窗每個邊框的位置，然後取出毛毛蟲目前在視窗裡的位置；接著，將毛毛蟲位置的座標值與四個邊框的座標值互相比較，判斷毛毛蟲是否離開視窗。最後，執行程式，確認這個函式能否正常運作，成功的話，毛毛蟲碰到視窗邊框時會停下來。

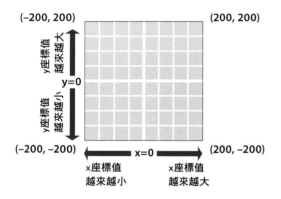

(–200, 200)　　　　　　　(200, 200)

y座標值越來越大

y=0

y座標值越來越小

(–200, –200)　　x=0　　(200, –200)

x座標值越來越小　　x座標值越來越大

◁ **程式技巧**

這個範例的視窗中心點座標為（0,0），視窗寬度為 400，所以以視窗右邊的邊框和中心點的距離是寬度的一半，也就是 200；程式碼計算左邊的邊框位置時是將 0 減掉一半的寬度，換句話說，就是（0 – 200），也就是 –200。再以相同的方法計算視窗上面邊框和下面邊框的位置。

GAME OVER!

**12** **遊戲結束！**

當程式發現毛毛蟲跑出視窗外，就會顯示訊息告訴玩家，遊戲已經結束。請在預留函式 **game_over()** 裡完成以下這段粗體字程式碼。主程式呼叫這個函式後，會隱藏毛毛蟲和葉子，在螢幕上顯示「GAME OVER!」（遊戲結束）。

```python
def game_over():
    caterpillar.color('yellow')
    leaf.color('yellow')
    t.penup()
    t.hideturtle()
    t.write('GAME OVER!', align='center', font=('Arial', 30, 'normal'))
```

在螢幕中間顯示文字（Python 採用美語的拼法『center』）。

**13** **顯示分數**
函式 **display_score()** 負責通知顯示分數的 turtle 物件重寫分數，在螢幕上更新玩家的最新總分。每當毛毛蟲碰到葉子，程式就會呼叫這個函式。

```python
def display_score(current_score):
    score_turtle.clear()
    score_turtle.penup()
    x = (t.window_width() / 2) - 50
    y = (t.window_height() / 2) - 50
    score_turtle.setpos(x, y)
    score_turtle.write(str(current_score), align='right', \
                       font=('Arial', 40, 'bold'))
```

距離視窗右邊的邊框 50 個像素

距離視窗上面的邊框 50 個像素

**14** **新葉子**
當毛毛蟲吃掉葉子，程式會呼叫函式 **place_leaf()**，將葉子移到隨機選出的新位置。程式會從 –200 到 200 之間隨機選出兩個數字，作為下一片葉子的 x、y 座標。

ht 是函式 hideturtle 的簡稱。

```python
def place_leaf():
    leaf.ht()
    leaf.setx(random.randint(-200, 200))
    leaf.sety(random.randint(-200, 200))
    leaf.st()
```

隨機選出座標，然後移動葉子。

st 是函式 showturtle 的簡稱。

**15** **毛毛蟲轉彎**
接下來，我們要將鍵盤按鍵和毛毛蟲結合在一起。請在函式 **start_game()** 的程式碼下面，新增右邊這段控制四個方向的新函式。為了提高遊戲的困難度，我們讓毛毛蟲只能轉 90 度，因此，每次改變毛毛蟲方向前，每個函式都會先檢查毛毛蟲正往哪個方向移動。如果毛毛蟲走錯方向，就利用函式 **setheading()**，讓毛毛蟲面對正確的方向。

```python
        game_over()
        break

def move_up():
    if caterpillar.heading() == 0 or caterpillar.heading() == 180:
        caterpillar.setheading(90)

def move_down():
    if caterpillar.heading() == 0 or caterpillar.heading() == 180:
        caterpillar.setheading(270)

def move_left():
    if caterpillar.heading() == 90 or caterpillar.heading() == 270:
        caterpillar.setheading(180)

def move_right():
    if caterpillar.heading() == 90 or caterpillar.heading() == 270:
        caterpillar.setheading(0)
```

檢查毛毛蟲面向左邊還是右邊。

『270』表示將毛毛蟲往螢幕下方移動。

## 16　接收按鍵訊息

最後，利用函式 **onkey()**，連動控制方向的函式與鍵盤的按鍵事件。請在步驟 9 的函式 onkey() 下面，新增右邊這幾行粗體字程式碼。這些控制按鍵的程式碼到位後，遊戲就完成了。祝你玩得開心，努力獲得最高分吧！

```
t.onkey(start_game, 'space')
t.onkey(move_up, 'Up')
t.onkey(move_right, 'Right')
t.onkey(move_down, 'Down')
t.onkey(move_left, 'Left')
t.listen()
```

當玩家按下『up』鍵，程式會呼叫函式 **move_up()**。

# 進階變化的技巧

我們的毛毛蟲遊戲已經能正常運作，不過，你可以加入一點巧思來改造遊戲，甚至是導入一隻小幫手毛毛蟲或敵人毛毛蟲！

## 雙人合作模式

改造遊戲的想法之一是另外建立一個 turtle 繪圖物件和控制按鍵，讓第二位玩家控制第二隻毛毛蟲，這樣玩家就能和朋友一起合作，毛毛蟲有機會吃掉更多葉子！

我打算用一隻巨大烏龜製造出一隻巨大毛毛蟲 …

英文小教室
本書幽默地將「turtle」設計成雙關語：turtle 繪圖物件 / 烏龜。

### 1　產生第二隻毛毛蟲

首先，我們需要新增一隻毛毛蟲給第二位玩家使用。請在一開始的程式碼附近，找出產生第一隻毛毛蟲的程式碼，在程式碼下面輸入右邊這幾行程式碼。

```
caterpillar2 = t.Turtle()
caterpillar2.color('blue')
caterpillar2.shape('square')
caterpillar2.penup()
caterpillar2.speed(0)
caterpillar2.hideturtle()
```

### 2　新增參數

為了讓兩隻毛毛蟲都能重複使用函式 **outside_window()**，我們要為這個函式新增一個參數。修改之後，當程式呼叫這個函式，必須告訴函式要檢查哪一隻毛毛蟲。

```
def outside_window(caterpillar):
```

### 3　隱藏第二隻毛毛蟲

現在呼叫函式 **game_over()**，只會隱藏第一隻毛毛蟲，所以我們要新增以下這行粗體字程式碼，隱藏第二隻毛毛蟲。

```
def game_over():
    caterpillar.color('yellow')
    caterpillar2.color('yellow')
    leaf.color('yellow')
```

### 4 修改主程式

修改主程式的函式 **start_game()**，為第二隻毛毛蟲新增程式碼。首先，設定第二隻毛毛蟲的初始形狀，讓它面向和第一隻毛毛蟲相反的方向；然後，在 **while** 迴圈裡新增第二隻毛毛蟲需要的程式碼，讓毛毛蟲移動；接著修改第一個 **if** 陳述式，加一個檢查條件，讓第二隻毛毛蟲也能吃葉子，並且新增一行程式碼讓第二隻毛毛蟲成長；最後，編輯第二個 **if** 陳述式，呼叫函式 **outside_window()**，確認遊戲是否已經結束。

你怎麼進來的？

我從視窗外面跑進來的！

```python
score = 0
text_turtle.clear()


caterpillar_speed = 2
caterpillar_length = 3
caterpillar.shapesize(1, caterpillar_length, 1)
caterpillar.showturtle()
caterpillar2.shapesize(1, caterpillar_length, 1)
caterpillar2.setheading(180)
caterpillar2.showturtle()
display_score(score)
place_leaf()


while True:
    caterpillar.forward(caterpillar_speed)
    caterpillar2.forward(caterpillar_speed)
    if caterpillar.distance(leaf) < 20 or leaf.distance(caterpillar2) < 20:
        place_leaf()
        caterpillar_length = caterpillar_length + 1
        caterpillar.shapesize(1, caterpillar_length, 1)
        caterpillar2.shapesize(1, caterpillar_length, 1)
        caterpillar_speed = caterpillar_speed + 1
        score = score + 10
        display_score(score)
    if outside_window(caterpillar) or outside_window(caterpillar2):
        game_over()
```

設定第二隻毛毛蟲的初始形狀。

第二隻毛毛蟲一開始先面向左邊。

每次執行迴圈，第二隻毛毛蟲都會向前移動。

檢查第二隻毛毛蟲是否已經吃掉葉子。

讓第二隻毛毛蟲變長。

第二隻毛毛蟲是否脫離螢幕？

**5** **第二組控制鍵**

現在要指定第二位玩家控制新毛毛蟲的按鍵。在這個範例中，我們用『w』鍵控制毛毛蟲往上移動，『a』鍵往左，『s』鍵往下，『d』鍵往右，但你可以自由選擇喜歡的控制按鍵。決定好按鍵後，我們還需要四個新函式控制方向移動，以及四個函式 onkey()，連動這四個新的控制鍵與四個新的函式。

```python
def caterpillar2_move_up():
    if caterpillar2.heading() == 0 or caterpillar2.heading() == 180:
        caterpillar2.setheading(90)

def caterpillar2_move_down():
    if caterpillar2.heading() == 0 or caterpillar2.heading() == 180:
        caterpillar2.setheading(270)

def caterpillar2_move_left():
    if caterpillar2.heading() == 90 or caterpillar2.heading() == 270:
        caterpillar2.setheading(180)

def caterpillar2_move_right():
    if caterpillar2.heading() == 90 or caterpillar2.heading() == 270:
        caterpillar2.setheading(0)

t.onkey(caterpillar2_move_up, 'w')
t.onkey(caterpillar2_move_right, 'd')
t.onkey(caterpillar2_move_down, 's')
t.onkey(caterpillar2_move_left, 'a')
```

那是我以前贏得比賽的照片！

**△ 提高遊戲競爭性**

請思考看看，是不是能應用雙人合作模式的程式碼，改成分開記錄每位玩家的分數，然後在遊戲結束時宣布誰是贏家。給各位一個提示：需要一個新變數，負責記錄第二位玩家的分數。當兩隻毛毛蟲的其中一隻吃掉葉子，只有吃掉葉子的那隻才能獲得一分。最後在遊戲結束時，比較兩邊玩家的分數，看看誰是贏家。

**▽ 調整遊戲難易度**

如果調整迴圈內的變數值，增加毛毛蟲的長度（+1）和提高毛毛蟲移動的速度（+2），能提高遊戲的難度；數值越高遊戲越難，數值越低則遊戲越簡單。

我現在用的這招很難。

# 眼明手快

拿這個數位遊戲「眼明手快」挑戰你的朋友吧！想贏得這個快節奏的雙人對戰遊戲，玩家要有敏銳的眼力和快如閃電的反應。這個範例的設計原理和傳統發牌的桌遊一樣，只是改成在螢幕上顯示各種顏色的形狀卡。

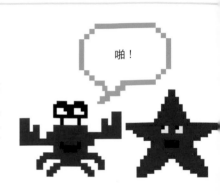

啪！

## 範例說明

這個範例程式會在螢幕上隨機出現黑色、紅色、綠色或藍色的不同形狀，當螢幕上接連出現兩個相同顏色的形狀時，玩家要趕緊按下「啪」——玩家1按『q』鍵，玩家2按『p』鍵。在正確時機點「啪」到形狀卡的玩家就能得到一分，慢一步的玩家就會失去一分，獲得最高分數的人就是最後的贏家。

▽ **開始遊戲**
這個範例程式是在 **tkinter** 視窗下進行遊戲，但是執行程式後，**tkinter** 視窗可能會疊在 IDLE 視窗背後，所以要手動將視窗移出來，才能看到遊戲。動作要快，因為執行程式三秒後，遊戲就會開始在視窗裡顯示形狀卡。

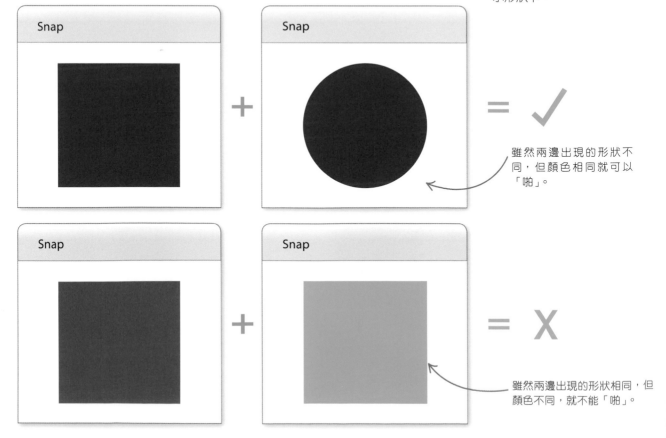

雖然兩邊出現的形狀不同，但顏色相同就可以「啪」。

雖然兩邊出現的形狀相同，但顏色不同，就不能「啪」。

# 程式技巧

這個範例程式使用 **tkinter** 模組產生遊戲裡的各個形狀，然後在內建的 **mainloop()** 函式裡加入自訂的函式，負責顯示接連出現在視窗裡的形狀。此外，還會用到 **random** 模組裡的 **shuffle()** 函式，確保這些形狀一定會以不同的順序出現。玩家按下『q』鍵和『p』鍵時會連動 **snap()** 函式，每當有玩家按下這兩個鍵時，函式會根據遊戲進行的情況更新玩家的分數。

▷ **程式流程圖**
只要還有形狀卡沒出現，程式就會繼續執行。當玩家認為可以「啪」，程式會依據他們按下的按鍵作出回應。當所有的形狀卡都出完，程式就會宣布誰是贏家，並且結束遊戲。

**程式高手秘笈**

## 讓程式暫停執行

電腦的執行速度之快，超乎我們的預期，有時甚至會引起一些問題。假設我們告訴電腦顯示一張形狀卡給使用者看，然後隱藏這張卡片，如果執行這兩個指令之間沒有停頓時間，電腦的速度會快到使用者還沒看到形狀卡之前就被隱藏了。為了修正這個問題，範例程式使用 time 模組的 **sleep()** 函式，設定程式執行時要暫停幾秒。例如，**time.sleep(1)** 表示程式暫停一秒後再執行下一行程式。

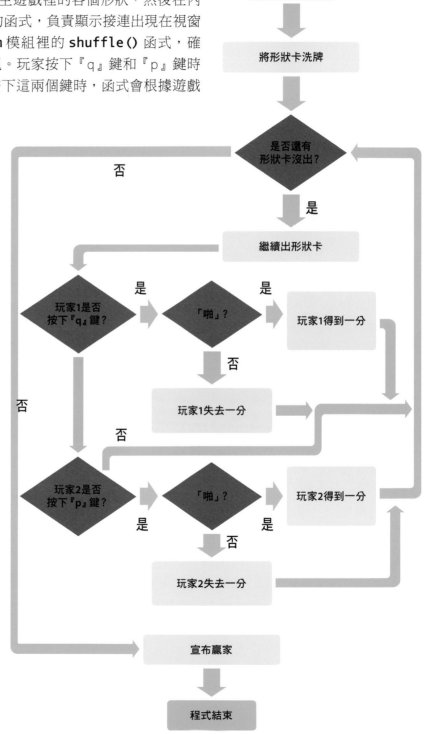

# 初期的準備工作

首先，我們需要匯入相關模組、建立圖形化使用者介面
（GUI），然後產生畫布，讓之後寫的程式碼能在畫布上畫
形狀卡。

使用 **random** 模組，
將所有形狀卡重新洗牌。

 **1 建立新檔**
開啟 IDLE 工具，建立新檔，
將檔名存成『snap.py』。

**2 新增模組**
匯入 **random** 模組、**time** 模組和 **tkinter** 模
組的部份元件。**time** 模組能讓程式產生延遲，
玩家才來得及在下個形狀卡出現前，看到訊息
『SNAP!』（ 啪 ） 或『WRONG!』（ 錯 誤 ）。
**tkinter** 模組的 **HIDDEN** 元件會先隱藏每張形
狀卡，等程式要顯示形狀卡時，才用 **NORMAL**
元件顯示；否則，遊戲一開始，所有的形狀卡
都會出現在螢幕上。

```
import random
import time
from tkinter import Tk, Canvas, HIDDEN, NORMAL
```

使用 **tkinter** 模組
建立 GUI。

**3 建立圖形化使用者介面**
請輸入右邊的粗體字程式碼，建立標題名稱為
『Snap』的 **tkinter** 視 窗（ 也 稱 為 root 元
件 ）。執行程式碼，檢查程式碼是否正確，
**tkinter** 視窗可能會隱藏在桌面上其他視窗
後。

```
from tkinter import Tk, Canvas, HIDDEN, NORMAL


root = Tk()
root.title('Snap')
```

**4 產生畫布**
請輸入右邊這行粗體字程式碼，目的是建立畫
布，這個空白區域之後會出現形狀卡。

```
root.title('Snap')
c = Canvas(root, width=400, height=400)
```

# 產生形狀卡

下一階段的任務是使用 **tkinter** 模組的 Canvas 元件，產生不同
顏色、形狀的卡片。我們會利用這個元件的函式，以四種不同的
顏色分別畫出圓形、方形和長方形。

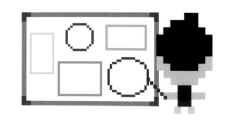

**5 建立形狀卡清單**
這一步是建立清單，負責儲存所有的形狀。請
在程式碼最後一行下面，新增右邊這行粗體字
程式碼。

```
c = Canvas(root, width=400, height=400)


shapes = []
```

**6 產生圓形卡**

接著，利用 Canvas 元件的函式 **create_oval()** 畫圓形。請在形狀清單下面，輸入以下這段粗體字程式碼，目的是產生四個大小相同的圓形，顏色分別是黑色、紅色、綠色和藍色，然後新增到形狀卡清單。

將參數 state（狀態）設為 **HIDDEN**，遊戲開始時，形狀卡才不會出現在螢幕上，必須等輪到它才會出現。

別忘了儲存你的工作成果。

這兩個座標就是（x0, y0）（請參見左下角「程式高手秘笈」的說明）。

這兩個座標就是（x1, y1）（請參見左下角「程式高手秘笈」的說明）。

```
shapes = []

circle = c.create_oval(35, 20, 365, 350, outline='black', fill='black', state=HIDDEN)
shapes.append(circle)
circle = c.create_oval(35, 20, 365, 350, outline='red', fill='red', state=HIDDEN)
shapes.append(circle)
circle = c.create_oval(35, 20, 365, 350, outline='green', fill='green', state=HIDDEN)
shapes.append(circle)
circle = c.create_oval(35, 20, 365, 350, outline='blue', fill='blue', state=HIDDEN)
shapes.append(circle)
c.pack()
```

這行程式碼負責將形狀卡放到畫布上，沒有這行程式碼，所有的形狀都無法顯示。

參數 **outline** 和 **fill** 負責設定圓形卡的顏色。

---

**程式高手秘笈**

## 產生橢圓形

函式 **create.oval()** 的作用就像在一個透明的盒子裡畫出一個橢圓形。在示意圖裡，括號中的四個數字負責決定圓形在螢幕上的位置，這兩組座標位於盒子的兩個對角，兩組座標值之間差異越大，就越接近圓形。

第一組座標（x0, y0）位於盒子左上角的位置。

座標（x1, y1）位於盒子右下角的位置。

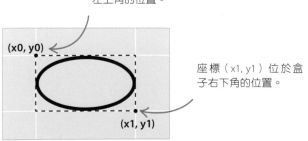

**7 顯示圓形卡**

請執行程式碼，你能在螢幕上看到任何圓形卡嗎？應該不能，還記得我們已經將它們的狀態設定成 **HIDDEN** 了吧。請將某張圓形卡的狀態改成 **NORMAL**，再執行一次程式碼，現在應該能在螢幕上看見這張圓形卡了。請注意，只有一張圓形卡可以設定成 **NORMAL**，不然，它們會一口氣全都出現，而且是一個疊著一個。

我想吹泡泡，可是都吹成圓形！

## 8 新增長方形卡

我們現在要利用 Canvas 元件的函式 create_rectangle()，產生四個不同顏色的長方形卡。請在畫圓形的程式碼和程式碼 c.pack() 之間，插入以下這段粗體字程式碼。不需要輸入全部的程式碼，只要先輸入前兩行，然後複製、貼上三次，修改顏色即可。

別忘了儲存你的
工作成果。

```
shapes.append(circle)

rectangle = c.create_rectangle(35, 100, 365, 270, outline='black', fill='black', state=HIDDEN)
shapes.append(rectangle)
rectangle = c.create_rectangle(35, 100, 365, 270, outline='red', fill='red', state=HIDDEN)
shapes.append(rectangle)
rectangle = c.create_rectangle(35, 100, 365, 270, outline='green', fill='green', state=HIDDEN)
shapes.append(rectangle)
rectangle = c.create_rectangle(35, 100, 365, 270, outline='blue', fill='blue', state=HIDDEN)
shapes.append(rectangle)

c.pack()
```

## 9 新增正方形卡

接著，我們要畫正方形。使用跟畫長方形相同的函式就能畫正方形，不過，要讓四個邊都一樣長，才能將長方形轉成正方形。請在畫長方形的程式碼和程式碼 c.pack() 之間，插入以下這段粗體字程式碼。

```
shapes.append(rectangle)

square = c.create_rectangle(35, 20, 365, 350, outline='black', fill='black', state=HIDDEN)
shapes.append(square)
square = c.create_rectangle(35, 20, 365, 350, outline='red', fill='red', state=HIDDEN)
shapes.append(square)
square = c.create_rectangle(35, 20, 365, 350, outline='green', fill='green', state=HIDDEN)
shapes.append(square)
square = c.create_rectangle(35, 20, 365, 350, outline='blue', fill='blue', state=HIDDEN)
shapes.append(square)

c.pack()
```

**10** **重新將形狀卡洗牌**

為了確保形狀卡每次不會以相同的順序出現，程式必須重新隨機排列這些形狀卡，就像我們將一疊卡片重新洗牌一樣，**random** 模組的函式 **shuffle()** 能幫我們達成這點。請在程式碼 **c.pack()** 下面，輸入右邊這行程式碼。

```
random.shuffle(shapes)
```

# 遊戲進行之前的準備工作

接下來這個部分要做的工作是，設定幾個變數，寫一些程式碼，完成遊戲進行之前的準備工作。不過，還是要等最後階段的函式都加入，才能真的開始玩遊戲。

準備開始玩遊戲了嗎？

**11** **設定變數**

程式執行過程中，我們需要各種變數幫忙追蹤各種情況，包含目前的形狀卡、前一個形狀的顏色和目前這個形狀的顏色，以及兩位玩家的分數。

遊戲剛開始，兩邊的玩家都還沒有得分，所以兩個變數的初始值都設為 0。

變數 shape 還沒有變數值。

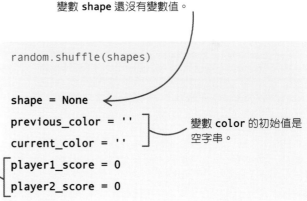

```
random.shuffle(shapes)

shape = None
previous_color = ''
current_color = ''
player1_score = 0
player2_score = 0
```

變數 color 的初始值是空字串。

**12** **加入延遲時間**

新增右邊這行粗體字程式碼，作用是在第一個形狀卡出現之前，先產生 3 秒的延遲時間。萬一程式執行後，**tkinter** 視窗隱藏在桌面上的其他視窗後面，這 3 秒能讓玩家有時間點出視窗。函式 **next_shape()** 會在步驟 16 和 17 完成。

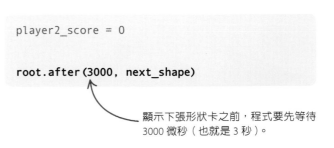

```
player2_score = 0

root.after(3000, next_shape)
```

顯示下張形狀卡之前，程式要先等待 3000 微秒（也就是 3 秒）。

### 13 對玩家「啪」做出反應

接著，新增右邊這兩行粗體字程式碼。函式 **bind()** 指示 GUI 接收玩家按下『q』鍵或『p』鍵的訊號，並且在每次接收到訊號時，呼叫函式 **snap()**。我們會在之後的步驟裡，完成函式 **snap()** 的程式碼。

```
root.after(3000, next_shape)
c.bind('q', snap)
c.bind('p', snap)
```

### 14 傳送按鍵訊號給 GUI

函式 **focus_set()** 會告訴程式畫布收到按鍵訊號。如果沒有呼叫這個函式，當使用者按下『q』鍵或『p』鍵時，GUI 不會做出反應。請在呼叫函式 **bind()** 的程式碼下面，輸入右邊的粗體字程式碼。

```
c.bind('q', snap)
c.bind('p', snap)
c.focus_set()
```

### 15 啟動主迴圈

在最後一行程式碼下面，輸入右邊這行粗體字程式碼。等我們完成函式 **next_shape()** 和 **snap()** 的程式碼，主迴圈會在 GUI 上更新下個形狀卡，以及接收按鍵訊號。

```
c.focus_set()


root.mainloop()
```

---

**程式高手秘笈**

## 區域變數和全域變數

程式裡使用的變數不是區域就是全域。區域變數只能存在特定的函式裡，這表示函式以外的程式碼就不能使用區域變數；由主程式建立的變數，而且是產生在函式外的變數，就稱為全域變數，能用在整體程式碼的任何地方。然而，如果我們想在函式裡將新的變數值指定給全域變數，就需要在變數名稱前面加上關鍵字『global』。這正是我們在步驟 16 裡所做的事。

## 完成函式的程式碼

這個範例程式在最後一個階段要完成的任務是建立兩個函式：一個負責顯示下一張形狀卡，另一個負責處理「啪」。請在程式開頭匯入模組的敘述下面，新增接下來說明的程式碼。

### 16 建立函式

函式 **next_shape()** 負責顯示一張接著一張出現的彩色形狀卡，就像我們平常玩牌一樣。請輸入下面的程式碼，開始定義函式。我們在某些變數前面加上關鍵字 **global**（請參見左邊「程式高手秘笈」的說明），並且更新變數 **previous_color** 的值。

使用關鍵字 global，能確保整體程式都知道這些變數的值改變了。

```
def next_shape():
    global shape
    global previous_color
    global current_color


    previous_color = current_color
```

在程式碼取得下個形狀卡之前，先將變數 previous_color 的值設為 current_color。

**17** 完成函式

現在，請將下面這些剩餘的程式碼輸入完畢。為了顯示新的形狀卡，我們將參數 state（狀態）的值從 HIDDEN 改成 NORMAL。以下這段程式碼使用 Canvas 元件的函式 itemconfigure() 設定狀態，使用元件的另外一個函式 itemcget() 更新變數 current_color 的值，這個值之後會用來檢查玩家是否「啪」對了。

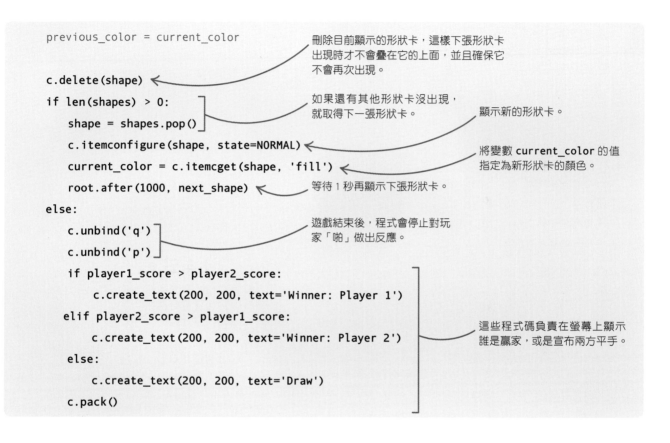

```
previous_color = current_color

c.delete(shape)
if len(shapes) > 0:
    shape = shapes.pop()
    c.itemconfigure(shape, state=NORMAL)
    current_color = c.itemcget(shape, 'fill')
    root.after(1000, next_shape)
else:
    c.unbind('q')
    c.unbind('p')
    if player1_score > player2_score:
        c.create_text(200, 200, text='Winner: Player 1')
    elif player2_score > player1_score:
        c.create_text(200, 200, text='Winner: Player 2')
    else:
        c.create_text(200, 200, text='Draw')
    c.pack()
```

刪除目前顯示的形狀卡，這樣下張形狀卡出現時才不會疊在它的上面，並且確保它不會再次出現。

如果還有其他形狀卡沒出現，就取得下一張形狀卡。

顯示新的形狀卡。

將變數 current_color 的值指定為新形狀卡的顏色。

等待 1 秒再顯示下張形狀卡。

遊戲結束後，程式會停止對玩家「啪」做出反應。

這些程式碼負責在螢幕上顯示誰是贏家，或是宣布兩方平手。

---

**▪▪ ▪▪ 程式高手秘笈**

## 設定畫布物件的特性

使用 Canvas 元件的函式 itemconfigure() 能改變畫布上的特徵。例如，在這個遊戲裡，我們利用 itemconfigure()，將形狀卡的狀態從隱藏改成可見，我們也能利用這個函式改變形狀卡的顏色或其他特性。使用函式 itemconfigure() 時，用法是在括號裡填入我們想改變的物件名稱，後面加上逗號，然後填入想改變的特性和參數值。

這是我們要改變的特性。

```
c.itemconfigure(shape, state=NORMAL)
```

這是我們要改變 Canvas 物件名稱。

新的參數值。

**18** 玩家「啪」對了嗎？

要完成這個遊戲，我們還需要最後一個函式：
**snap()**。這個函式負責檢查是哪一邊的玩家按下按
鍵，誰的「啪」合法（正確），再根據檢查的結果，
更新分數和顯示訊息。請在函式 **next_shape()** 下
面，新增以下這段程式碼。

別忘了儲存你的
工作成果。

```python
def snap(event):
    global shape
    global player1_score
    global player2_score
    valid = False


    c.delete(shape)


    if previous_color == current_color:
        valid = True


    if valid:
        if event.char == 'q':
            player1_score = player1_score + 1
        else:
            player2_score = player2_score + 1
        shape = c.create_text(200, 200, text='SNAP! You score 1 point!')
    else:
        if event.char == 'q':
            player1_score = player1_score - 1
        else:
            player2_score = player2_score - 1
        shape = c.create_text(200, 200, text='WRONG! You lose 1 point!')
    c.pack()
    root.update_idletasks()
    time.sleep(1)
```

將這幾個變數標記為 global（全域），
這樣函式才能改變它們的變數值。

檢查玩家是否「啪」對了（如果前
一張形狀卡的顏色和目前形狀卡的
顏色一樣）。

如果玩家「啪」對了，
檢查是哪位玩家配對成功，
並且幫該玩家加 1 分。

當玩家「啪」對了，
這行程式碼會顯示訊息。

否則（**else**），從「啪」失敗
的玩家那拿走一分。

當玩家「啪」錯時機，
這行程式碼會顯示訊息。

這行程式碼強迫程式立刻在 GUI 上更新
「啪」的訊息。

等待 1 秒，
讓玩家閱讀訊息。

**19** 測試程式碼

現在，請執行程式，看看是不是能正常運作。記得
先點擊 tkinter 視窗，這樣視窗才能對『q』鍵或
『p』鍵做出反應。

# 進階變化的技巧

tkinter 模組能顯示各種不同的顏色，以及繪製圓形、正方形、長方形以外的形狀，所以這個範例程式還有很多修改的空間，有機會設計出你專屬的遊戲。以下介紹幾個你能嘗試看看的技巧，包含防止遊戲受騙！

**△ 彩色邊框**

程式判斷玩家有沒有「啪」對形狀卡，是根據參數 **fill** 的值，而非 **outline**。所以，我們可以幫形狀卡加上不同顏色的邊框，擾亂玩家。實際上進行遊戲時，只要填滿形狀卡的顏色可以配對，玩家還是能「啪」對形狀卡。

## ▽ 加快遊戲進行的速度

在遊戲進行過程中，減少兩個形狀卡之間的延遲時間，能增加一點遊戲難度。給你一個提示：產生一個變數負責儲存時間，初始值從 1000 開始，每出現一張形狀卡就減掉 25，這些數字只是建議，請自己實驗看看，找出你認為最好的參數值。

**△ 增加更多顏色**

你或許注意到了，這個遊戲的遊玩時間不長，如果想讓遊戲時間變長，可以再多加幾個不同顏色的正方形、長方形和圓形。

> 加速！

> 我會試試，但我覺得自己有點行動遲緩！

# 設計新形狀

如果想加入新的形狀，可以修改函式 **create_oval()** 的參數，產生出來的形狀會變成橢圓形而非圓形，也可以利用 tkinter 模組加入弧形、線條和多邊形。請試試這裡的範例，玩玩這些參數，不過，在顯示這些形狀前，記得先將它們的參數 **state** 設為 HIDDEN，保持在隱藏狀態。

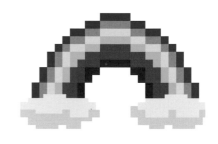

**1**　**畫弧形**

利用函式 **create_arc()** 能畫出弧形。在沒有設定弧形風格的情況下，預設風格是畫實心的弧形。如果想用 **tkinter** 模組內建的各種弧形風格，請修改第三行程式碼，匯入 CHORD 和 ARC 元件，如以下粗體字程式碼所示。然後，在形狀清單裡加入一些弓形（chord）和弧形（請參見下一頁的圖示）。

匯入各種弧形風格。

> 哇！好想知道是誰畫了這個弧形？

```
from tkinter import Tk, Canvas, HIDDEN, NORMAL, CHORD, ARC
```

```
arc = c.create_arc(-235, 120, 365, 370, outline='black', \
               fill='black', state=HIDDEN)
```

沒有設定任何風格，顯示預設的實心弧形。

```
arc = c.create_arc(-235, 120, 365, 370, outline='red', \
               fill='red', state=HIDDEN, style=CHORD)
```

風格設定為 CHORD，顯示一片弓形。

```
arc = c.create_arc(-235, 120, 365, 370, outline='green', \
               fill='green', state=HIDDEN, style=ARC)
```

風格設定為 ARC，只會顯示一條弧線。

## 2 畫線

利用函式 **create_line()**，在形狀清單裡新增一些線條。

```
line = c.create_line(35, 200, 365, 200, fill='blue', state=HIDDEN)
```

```
line = c.create_line(35, 20, 365, 350, fill='black', state=HIDDEN)
```

## 3 畫多邊形

接著，利用函式 **create_polygon()**，在形狀清單裡新增一些多邊形。使用函式時，必須為多邊形的每個角指定座標。

程式碼裡的三組數字是三角形的三個角的座標。

```
polygon = c.create_polygon(35, 200, 365, 200, 200, 35, \
                        outline='blue', fill='blue', state=HIDDEN)
```

# 防止玩家作弊

在目前的範例程式裡，如果玩家「啪」對了，而且兩位玩家同時按下按鍵，在這個情況下，兩位玩家都能得到一分。其實，在下一張形狀卡出現之前，此時因為前一張形狀卡的顏色和目前這張的顏色還是一樣，玩家依舊能繼續獲得分數。請試試以下的修改技巧，防止玩家作弊。

## 1 設定全域變數

首先，在函式 **snap()** 裡宣告變數 **previous_color** 為全域變數，因為我們需要改變它的變數值。請在目前宣告的全域變數下面，新增右邊這行程式碼。

```
global previous_color
```

**2 防止玩家重覆「啪」**

接著,在函式 **snap()** 裡新增以下這行粗體字程式碼,作用是在形狀卡配對成功後,將變數 **previous_color** 的值設為空字串(''')。修改之後,如果玩家在下一張形狀卡出現前,還繼續按下按鍵,就會失去一分。除了第一張形狀卡出現之前,否則,在其他情況下,空字串(''')永遠不可能等於目前的顏色。

關於「喀擦」、「喀擦」,我什麼都不知道!

```
    shape = c.create_text(200, 200, text='SNAP! You scored 1 point!'
  previous_color = ''
```

**3 防止玩家太早「啪」**

在遊戲一開始,變數 **previous_color** 和 **current_color** 的值都一樣,所以,玩家還是有機會在第一張形狀卡出現之前按下按鍵,藉此欺騙程式。想解決這個問題,要在遊戲剛啟動時,將兩個變數設為不同的字串,改為『a』和『b』。

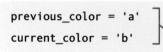

```
previous_color = 'a'
current_color = 'b'
```

這兩個變數一開始就設定成不同的字串,表示螢幕上出現第一張形狀卡之前,不可能出現玩家「啪」對的情況。

**4 修改訊息**

如果兩位玩家幾乎在同一時間按下按鍵,玩家真的很難判斷誰得分,誰失分。如果想修正這個問題,可以在玩家「啪」對之後,在螢幕上顯示訊息,表示誰得分,誰失分。

別忘了儲存你的工作成果。

```
if valid:
    if event.char == 'q':
        player1_score = player1_score + 1
        shape = c.create_text(200, 200, text='SNAP! Player 1 scores 1 point!')
    else:
        player2_score = player2_score + 1
        shape = c.create_text(200, 200, text='SNAP! Player 2 scores 1 point!')
    previous_color = ''
else:
    if event.char == 'q':
        player1_score = player1_score - 1
        shape = c.create_text(200, 200, text='WRONG! Player 1 loses 1 point!')
    else:
        player2_score = player2_score - 1
        shape = c.create_text(200, 200, text='WRONG! Player 2 loses 1 point!')
```

# 記憶配對遊戲

你覺得自己的記憶力有多好呢？讓這個有趣的遊戲來試試你的能力吧。遊戲規則是翻開兩兩成對的相同圖案，看看你能多快找出全部 12 組成對的圖案！

## 範例說明

執行範例程式後會開啟另外一個視窗，以網格方式顯示按鈕。玩家每次可以點選兩個按鈕，翻開隱藏在按鈕背後的圖案。如果出現兩個相同的圖案，就是配對成功，圖案會繼續顯示在螢幕上；否則，就是配對失敗，失敗之後，已經翻開的圖案會重新隱藏。試著把每個隱藏圖案的位置記下來，才能更快找出所有成對的圖案。

程式以網格方式顯示 24 個按鈕，排成 4 列，每一列有 6 個按鈕。

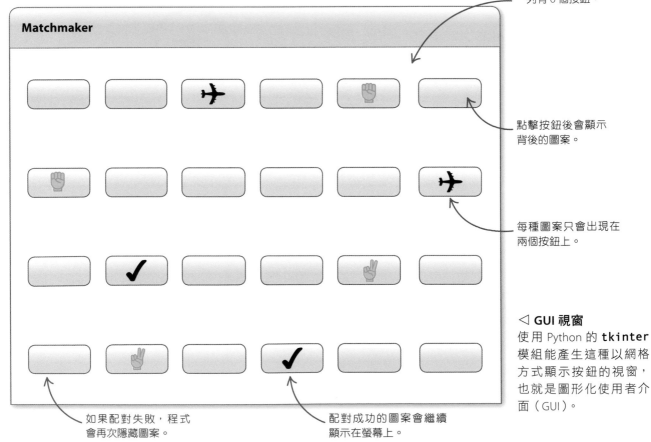

點擊按鈕後會顯示背後的圖案。

每種圖案只會出現在兩個按鈕上。

△ **GUI 視窗**

使用 Python 的 `tkinter` 模組能產生這種以網格方式顯示按鈕的視窗，也就是圖形化使用者介面（GUI）。

如果配對失敗，程式會再次隱藏圖案。

配對成功的圖案會繼續顯示在螢幕上。

# 程式技巧

這個範例程式使用 tkinter 模組，產生以網格方式排列的按鈕。tkinter 模組內建的函式 mainloop() 接收到玩家按下按鈕的訊息後，會以特別函式 Lambda 處理這些訊息，作用是顯示按鈕背後的圖案，如果玩家翻到一個尚未配對的圖案，程式會檢查是否和第二個圖案相同。這個範例以字典儲存按鈕資料，以清單儲存圖案資料。

### 程式高手秘笈

## Lambda 函式

關鍵字 lambda 和 def 一樣，也是用來定義函式。lambda 函式只有一行，可以用在任何需要使用函式的地方。例如，假設函式寫成 lambda x: x*2，作用是讓數字變兩倍，將這個函式指定給一個變數，寫成 double=lambda x: x*2，使用時只要以 double(x) 呼叫函式，x 是一個數字，當 x 為 2 時，double(2) 的回傳值為 4。設計圖形化使用者介面時，lambda 函式非常好用，因為可能會有好幾個按鈕呼叫同一個函式，但是帶入不同參數的情況。在這個範例裡，如果不用 lambda 函式，就必須為每個按鈕各建立一個函式，共需要產生 24 個函式！

我找到另一個相同的梨子了！

英文小教室
本書幽默地將「pair」（成對）諧音成「pear」（梨子）。

▽ **程式流程圖**
程式將所有的圖案洗牌、產生網格排列的按鈕後，接下來就是等著接收玩家按下按鈕的訊息。當玩家找出所有配對的圖案後，遊戲就會結束。

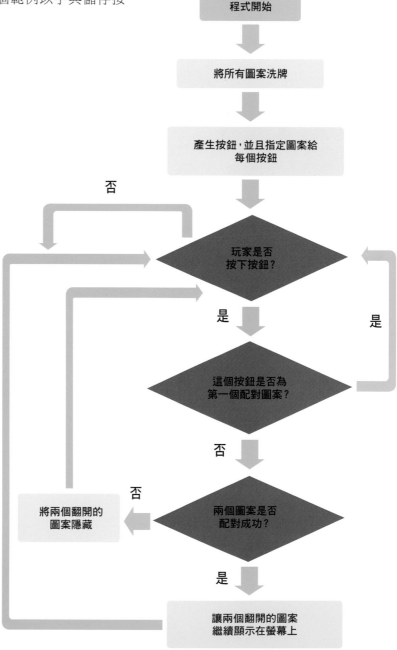

# 開始動手寫程式

範例程式第一部分的任務是設定圖形化使用者介面（GUI），以及新增兩兩成對的圖案，這些圖案會先隱藏在按鈕背後。

我想我最好趕快開始！

## 1 新增檔案
開啟 IDLE 工具，新增檔案並且將檔名存成『matchmaker.py』。

> File（檔案）
> Save（儲存檔案）
> Save As（另存新檔）

圖案配對成功後，DISABLED 元件能讓按鈕停止反應。

## 2 匯入模組
請從程式第一行開始，輸入右邊這幾行程式碼，目的是匯入範例程式需要的模組。我們會用到 **random** 模組，重新將這些圖案洗牌；使用 **time** 模組，讓程式暫停；**tkinter** 模組則是建立 GUI 介面。

```
import random
import time
from tkinter import Tk, Button, DISABLED
```

**Button** 元件能在 tkinter 視窗裡產生按鈕。

這幾行程式碼負責產生一個有標題名稱的 tkinter 視窗。

## 3 建立 GUI 介面
請在匯入模組的命令下面，新增右邊這幾行程式碼，目的是建立 GUI 介面。函式 **root.resizable()** 能防止玩家改變視窗的大小，這點非常重要，如果玩家改變視窗大小，會把我們之後產生的按鈕配置弄亂。

```
root = Tk()
root.title('Matchmaker')
root.resizable(width=False, height=False)
```

這行程式碼能讓視窗保持在原來的大小不變。

## 4 測試程式碼
請執行程式碼。成功的話，會看到一個空的 tkinter 視窗，視窗標題是『Matchmaker』。如果沒看到這個視窗，可能是隱藏在其他視窗背後。

**Matchmaker**

別忘了儲存你的工作成果。

## 5　建立變數

在步驟 3 的程式碼下面，新增範例程式需要的變數，以及產生一個字典變數，負責儲存所有按鈕的資料。玩家每次嘗試配對時，程式要記住這次出現的圖案是本次配對裡的第一個圖案還是第二個圖案；另外還需要記錄玩家按下的第一個按鈕，才能和第二個按下的按鈕進行比較。

```
root.resizable(width=False, height=False)

buttons = {}

first = True

previousX = 0

previousY = 0
```

這是資料形態為字典的變數。

這個變數負責檢查這個圖案是否為這次配對裡的第一個圖案。

這兩個變數負責記錄玩家最後按下哪個按鈕。

## 6　新增圖案

接著，請輸入以下這段程式碼，目的是新增遊戲中使用的配對圖案。我們在範例「九條命」中也用過 Unicode 字元集，這個範例用了 12 組圖案，共有 24 個圖案。請在步驟 5 新增的變數下面，加入以下的粗體字程式碼。

U+2702　　　U+2705　　　U+2708　　　U+2709

U+270A　　　U+270B　　　U+270C　　　U+270F

U+2712　　　U+2714　　　U+2716　　　U+2728

```
previousY = 0

button_symbols = {}

symbols = [u'\u2702', u'\u2702', u'\u2705', u'\u2705', u'\u2708', u'\u2708',
           u'\u2709', u'\u2709', u'\u270A', u'\u270A', u'\u270B', u'\u270B',
           u'\u270C', u'\u270C', u'\u270F', u'\u270F', u'\u2712', u'\u2712',
           u'\u2714', u'\u2714', u'\u2716', u'\u2716', u'\u2728', u'\u2728']
```

每個按鈕的圖案都存在這個字典變數裡。

這個字典儲存了遊戲使用的 12 組圖案。

## 7　將圖案洗牌

我們不希望圖案每次都出現在視窗裡相同的位置，不然的話，玩家只要玩過幾次遊戲後，就能記住所有圖案的位置，最後就能一口氣完成所有圖案的配對，而且是每次。為了避免發生這種情況，我們讓程式在每次開始進行遊戲前，都先將圖案重新洗牌。請接在圖案清單後，新增右邊這行程式碼。

```
random.shuffle(symbols)
```

random 模組的函式 shuffle() 能將圖案重新洗牌。

我最愛用 Shuffle 模式聽音樂！

英文小教室
本書幽默地將「shuffle」設計成雙關語：重新洗牌／蘋果產品播放音樂的 Shuffle 模式。

# 快帶上按鈕！

範例程式下一階段的任務是產生按鈕，並且將這些按鈕放到 GUI 介面上。然後，建立函式 `show_symbol()`，負責控制玩家點擊按鈕時，程式會做出的反應。

**8** 建立網格

這個範例程式的網格包含 24 個按鈕，共排成 4 列，每一列有 6 個按鈕。我們利用巢狀迴圈配置網格，外層的 x 迴圈負責處理網格中由左到右的 6 欄，內層的 y 迴圈則處理網格中由上到下的每一列。執行迴圈時，網格裡的每個按鈕都會給定一組 x 和 y 座標，用以設定按鈕在網格裡的位置。請在 shuffle 命令後，輸入以下這段粗體字程式碼。

```
random.shuffle(symbols)

for x in range(6):          ← 巢狀迴圈。
    for y in range(4):
        button = Button(command=lambda x=x, y=y: show_symbol(x, y), \
                        width=3, height=3)
        button.grid(column=x, row=y)
        buttons[x, y] = button
        button_symbols[x, y] = symbols.pop()
```

這行程式碼負責產生按鈕，設定每個按鈕的位置和按下按鈕時要呼叫的函式。

如果需要將一行過長的程式碼分成兩行，請使用反斜線（\）。

將按鈕放在 GUI 介面上。

這行程式碼將每個按鈕存到字典變數 `buttons`。

這行程式碼負責設定按鈕的圖案。

△ 程式技巧

每次執行迴圈，函式 lambda 會儲存目前作用按鈕的 x 和 y 座標，也就是玩家按下的按鈕在網格裡的哪一列和哪一欄。玩家按下按鈕時，會以這些值呼叫函式 `show_symbol()`（之後的步驟裡會完成這個函式），函式知道玩家按下哪個按鈕後，會翻開相對應的圖案。

現在讓我來揭開神秘的面紗 ...

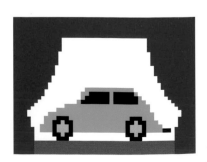

### 新手必學技巧

## 巢狀迴圈（Nested loop）

你或許還記得我們在第二章裡曾介紹過巢狀迴圈，能根據程式需要，在迴圈裡放入另外一個迴圈，想放幾個就放幾個。在這個範例程式裡，外層迴圈會執行 6 次，每執行一次外層迴圈，會執行 4 次內層迴圈，所以，總共會執行（6 x 4 = 24）次內層迴圈。

英文小教室
本書幽默地將「nested loop」設計成雙關語：巢狀迴圈／圓形鳥巢。

**9** 啟動主迴圈

現在，我們要啟動 `tkinter` 物件的主迴圈。主迴圈執行後，會顯示 GUI 介面，並且開始接收玩家按下按鈕的訊號。請在步驟 8 新增的程式碼下面，輸入右邊這行程式碼。

```
button_symbols[x, y] = symbols.pop()
```

```
root.mainloop()
```

**10** 測試程式碼

請再次執行程式。這次 `tkinter` 視窗會填滿 24 個按鈕，以網格方式排列整齊。如果你的執行結果和右邊的畫面不太一樣，請仔細檢查程式碼，看看是哪裡發生錯誤。

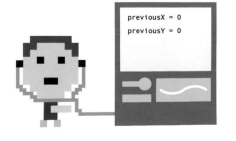

Matchmaker

**顯示圖案**

最後，我們還需要建立函式，負責處理玩家按下按鈕的事件。這個函式一定會顯示一個圖案，但操作方式取決於這個圖案是玩家這一輪配對裡按下的第一個還是第二個圖案。如果是第一次選的圖案，函式只要記住玩家按下的按鈕是哪一個；如果是第二次選的圖案，就需要檢查兩次選的圖案是否相同。如果兩個圖案不同，就重新隱藏圖案；相同的話，則讓翻開的圖案繼續留在原地顯示，圖案的按鈕失去原本的作用。

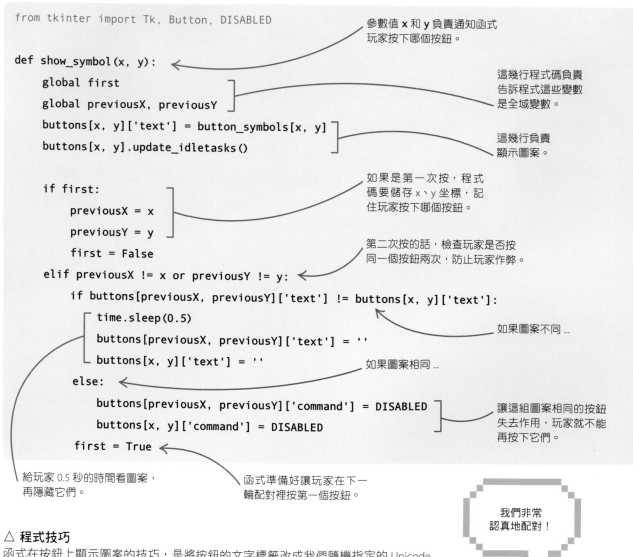

```python
from tkinter import Tk, Button, DISABLED


def show_symbol(x, y):
    global first
    global previousX, previousY
    buttons[x, y]['text'] = button_symbols[x, y]
    buttons[x, y].update_idletasks()


    if first:
        previousX = x
        previousY = y
        first = False
    elif previousX != x or previousY != y:
        if buttons[previousX, previousY]['text'] != buttons[x, y]['text']:
            time.sleep(0.5)
            buttons[previousX, previousY]['text'] = ''
            buttons[x, y]['text'] = ''
        else:
            buttons[previousX, previousY]['command'] = DISABLED
            buttons[x, y]['command'] = DISABLED
        first = True
```

參數值 **x** 和 **y** 負責通知函式玩家按下哪個按鈕。

這幾行程式碼負責告訴程式這些變數是全域變數。

這幾行負責顯示圖案。

如果是第一次按，程式碼要儲存x、y坐標，記住玩家按下哪個按鈕。

第二次按的話，檢查玩家是否按同一個按鈕兩次，防止玩家作弊。

如果圖案不同…

如果圖案相同…

讓這組圖案相同的按鈕失去作用，玩家就不能再按下它們。

給玩家 0.5 秒的時間看圖案，再隱藏它們。

函式準備好讓玩家在下一輪配對裡按第一個按鈕。

我們非常認真地配對！

△ **程式技巧**

函式在按鈕上顯示圖案的技巧，是將按鈕的文字標籤改成我們隨機指定的 Unicode 字元，然後使用函式 **update_idletasks()**，通知 **tkinter** 視窗立刻顯示這個符號。如果是這一輪第一次選的圖案，只要在變數裡儲存這個按鈕的座標；如果是第二次選的圖案，就需要檢查玩家有沒有按同一個按鈕兩次，企圖作弊，玩家沒有作弊的話，才檢查這兩次選的圖案是否相同。如果兩個圖案不同，就隱藏這兩個圖案，將文字設定為空字串；如果相同，就繼續顯示圖案，但要讓按鈕失去作用。

# 進階變化的技巧

我們可以從很多方向來調整這個遊戲，例如，顯示玩家完成遊戲總
共配對了幾輪，讓玩家嘗試打敗自己的分數或是挑戰朋友的紀錄，
也可以增加更多圖案，提高遊戲的難度。

## 顯示玩家用掉的配對次數

在目前的程式版本裡，玩家無法知道自己的程度如何，
或是有沒有比朋友厲害。那麼，究竟要如何增加遊戲的
競爭性？讓我們新增一個變數，負責計算玩家完成遊戲
需要的配對次數。然後，讓玩家互相比較，看看誰用的
次數最少。

讓我們提高比賽的競爭性！

 **1　匯入一個新模組**
我們需要匯入 `tkinter` 模組的 `messagebox`
元件，負責在遊戲結束時顯示玩家用了多少
配對次數。請修改匯入模組的程式碼，在
`DISABLED` 後面新增 `messagebox`。

```
from tkinter import Tk, Button, DISABLED, messagebox
```

**2　新增變數**
為這項修改新增兩個變數：一個負責記錄玩家使
用的配對次數，另一個負責記錄玩家配對成功的
圖案組數，並且先將這兩個變數的初始值都設成
0。請在變數 `previousY` 下面，新增以下這兩
行粗體字程式碼。

玩家還沒進行任何配
對或完成配對，所以
變數值為0。

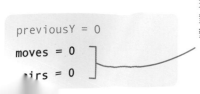

```
previousY = 0
moves = 0
pairs = 0
```

**3　宣告全域變數**
宣告變數 `moves` 和 `pairs` 是全域變數，因
為函式 `show_symbol()` 需要改變這兩個變
數的值。請在函式 `show_symbol()` 的程式
碼裡，新增以下這兩行粗體字程式碼。

```
def show_symbol(x, y):
    global first
    global previousX, previousY
    global moves
    global pairs
```

**4** 計算玩家使用的配對次數
玩家每次嘗試一次配對會按兩個按鈕,但是,只要在第一個按鈕或第二個按鈕呼叫函式 **show_symbol()** 時,讓變數 **moves** 加 1,不必兩次都加。在這個範例中,我們選擇在按第一個按鈕時更新變數值,請依照右邊的粗體字程式碼,修改函式 **show_symbol()**。

```
if first:
    previousX = x
    previousY = y
    first = False
    moves = moves + 1
```

**5** 顯示訊息
請在函式 **show_symbol()** 最後一行程式碼上面,新增以下這段粗體字程式碼,目的是追蹤玩家配對成功的組數,以及在遊戲結束時顯示訊息,說明玩家總共用了多少配對次數。玩家按下訊息視窗的『OK』按鈕時,程式碼會呼叫函式 **close_window()**,我們會在下一個步驟完成這個函式的程式碼。

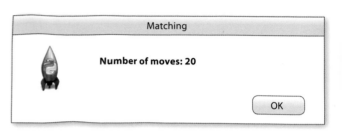

```
buttons[x, y]['command'] = DISABLED
pairs = pairs + 1
if pairs == len(buttons)/2:
    messagebox.showinfo('Matching', 'Number of moves: ' +
                        str(moves), command=close_window)
```

配對成功的組數加 1。

顯示對話視窗,說明玩家使用的配對次數。

如果所有的圖案組數都找到了,就執行下面這行程式碼。

△ 程式技巧
這個範例總共使用了 12 組圖案,修改程式碼時,當然可以只輸入 **pairs==12**,可是,我們的程式碼還可以比這更聰明,改成利用 **pairs==len(buttons)/2** 計算圖案的組數,之後不必修改這段程式碼,就能新增更多的按鈕。

**6** 關閉視窗
最後,建立函式 **close_window()**。玩家按下訊息視窗『Number of moves』(使用配對次數)的『OK』按鈕時,程式會離開遊戲。請在匯入模組的程式碼下面,新增以下的粗體字程式碼。

```
def close_window(self):
    root.destroy()
```

這個命令負責關閉視窗。

# 增加更多按鈕

讓我們真正地挑戰玩家的記憶力，在遊戲裡增加更多的按鈕和圖案。

我覺得可以
再縫上更多鈕扣！

英文小教室
本書幽默地將「button」設計成雙關語：
按鈕／鈕扣。

## 1 增加更多圖案

首先，我們還需要在圖案清單裡增加更多組數。請新增以下這行粗體字程式碼。

 U+2733　 U+2734　 U+2744

```python
symbols = [u'\u2702', u'\u2702', u'\u2705', u'\u2705', u'\u2708', u'\u2708',
           u'\u2709', u'\u2709', u'\u270A', u'\u270A', u'\u270B', u'\u270B',
           u'\u270C', u'\u270C', u'\u270F', u'\u270F', u'\u2712', u'\u2712',
           u'\u2714', u'\u2714', u'\u2716', u'\u2716', u'\u2728', u'\u2728',
           u'\u2733', u'\u2733', u'\u2734', u'\u2734', u'\u2744', u'\u2744']
```

在清單最後一個資料值後面，
新增三組新圖案。

## 2 增加更多按鈕

接著，我們再多加一排按鈕。要達成這個目的，請將巢狀迴圈的範圍變數 y 從 4 改成 5，如右邊的程式碼所示。

```python
for x in range(6):
    for y in range(5):
```

這行程式碼現在會從原本的
4 列按鈕，變成 5 列按鈕。

## 3 想要更多按鈕嗎？

現在，我們有 30 個按鈕了，如果還想增加更多的按鈕，每次加的按鈕數必須是 6 的倍數，才能增加完整的一列。如果你更有冒險精神，還可以修改巢狀迴圈，實驗各種不同的按鈕配置。

U+2747　U+274C　U+274E　U+2753　U+2754

U+2755　U+2757　U+2764　U+2795　U+2796

U+2797　U+27A1　U+27B0

# 接雞蛋

這個遊戲要測試你的專注力和反應速度。別敗給壓力，儘可能接住更多雞蛋，努力獲得高分吧。找朋友一起來挑戰，看看誰才是接雞蛋比賽的冠軍。

## 範例說明

這個範例的遊戲規則是玩家要沿著螢幕下方移動接蛋籃，在每顆雞蛋落地前接住它。每接住一顆雞蛋得一分，但如果雞蛋落地，就會失去一條命。請注意：當你接住的雞蛋越多，螢幕上方也會掉落越多的新雞蛋，而且掉落的速度更快。玩家用完三條命，遊戲就會結束。

每顆雞蛋都接住的話，可以獲得 10 分。

按鍵盤上的左、右鍵，可以在螢幕上左右移動接蛋籃。

### 時機點

在螢幕上操作的時機點很重要。首先，只能每 4 秒掉落一顆新雞蛋，否則，螢幕上會一口氣出現太多雞蛋。遊戲剛開始，每 0.5 秒雞蛋會往下掉一點，如果雞蛋掉落的間隔太短，遊戲的難度會太高。每十分之一秒程式會檢查玩家是否有接到雞蛋，只要稍慢一步，就有可能會錯失接到雞蛋的時機。玩家得到的分數越高，遊戲也會加快雞蛋掉落的速度以及增加更多的雞蛋數，提高遊戲的挑戰性。

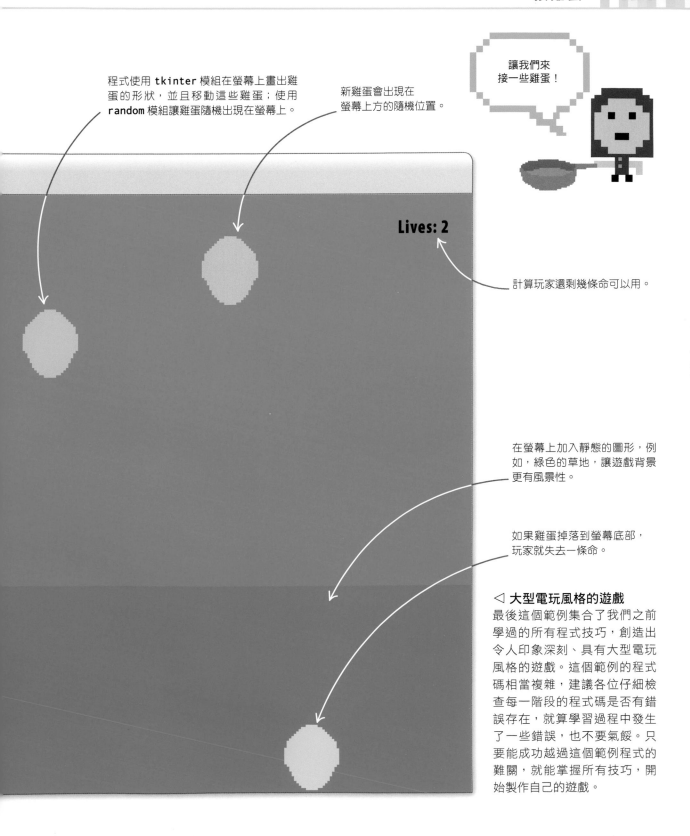

讓我們來
接一些雞蛋！

程式使用 tkinter 模組在螢幕上畫出雞蛋的形狀，並且移動這些雞蛋；使用 **random** 模組讓雞蛋隨機出現在螢幕上。

新雞蛋會出現在螢幕上方的隨機位置。

**Lives: 2**

計算玩家還剩幾條命可以用。

在螢幕上加入靜態的圖形，例如，綠色的草地，讓遊戲背景更有風景性。

如果雞蛋掉落到螢幕底部，玩家就失去一條命。

◁ **大型電玩風格的遊戲**
最後這個範例集合了我們之前學過的所有程式技巧，創造出令人印象深刻、具有大型電玩風格的遊戲。這個範例的程式碼相當複雜，建議各位仔細檢查每一階段的程式碼是否有錯誤存在，就算學習過程中發生了一些錯誤，也不要氣餒。只要能成功越過這個範例程式的難關，就能掌握所有技巧，開始製作自己的遊戲。

## 程式技巧

範例程式首先會產生遊戲背景，再讓雞蛋一顆一顆地逐漸往螢幕下方移動，玩家的眼睛會形成一種錯覺，好像雞蛋正往下掉落。接著，利用迴圈程式碼不斷地檢查雞蛋的座標，看看是不是有哪顆雞蛋已經碰到視窗底部或是掉入接蛋籃裡；接蛋籃接到一顆雞蛋或雞蛋掉落地面時，程式會將這顆雞蛋刪除，調整玩家的分數或剩餘的生命數。

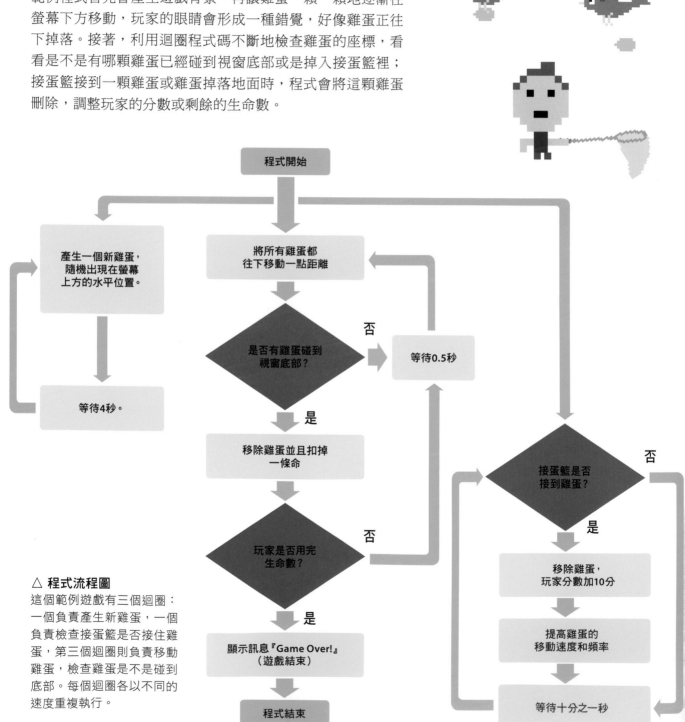

△ **程式流程圖**
這個範例遊戲有三個迴圈：一個負責產生新雞蛋，一個負責檢查接蛋籃是否接住雞蛋，第三個迴圈則負責移動雞蛋，檢查雞蛋是不是碰到底部。每個迴圈各以不同的速度重複執行。

程式開始

產生一個新雞蛋，隨機出現在螢幕上方的水平位置。

等待4秒。

將所有雞蛋都往下移動一點距離

是否有雞蛋碰到視窗底部？　否　→　等待0.5秒

是

移除雞蛋並且扣掉一條命

玩家是否用完生命數？　否

是

顯示訊息『Game Over!』（遊戲結束）

程式結束

接蛋籃是否接到雞蛋？　否

是

移除雞蛋，玩家分數加10分

提高雞蛋的移動速度和頻率

等待十分之一秒

# 前置的設定工作

首先，匯入範例程式需要的幾個 Python 模組，接著完成一些設定工作，為之後寫遊戲主要函式做好準備。

**1** 　**新增檔案**
開啟 IDLE 工具，建立新檔並且將檔名存成『egg_catcher.py』。

**2** 　**匯入模組**
這個範例使用了三個模組：`itertools` 負責循環使用清單裡的顏色，`random` 負責讓雞蛋出現在隨機的位置，`tkinter` 則是在螢幕上產生形狀，讓遊戲動起來。請從程式碼第一行開始，輸入右邊這幾行程式碼。

```python
from itertools import cycle
from random import randrange
from tkinter import Canvas, Tk, messagebox, font
```

只匯入模組裡需要的部分元件。

**3** 　**設定畫布**
請在匯入模組的程式碼下面，新增右邊的粗體字程式碼。目的是產生變數儲存畫布的高度和寬度，然後利用變數建立畫布元件。為了幫遊戲加一點場景，程式還畫了一個長方形當作草地，橢圓形當作太陽。

產生草地。

函式 `pack()` 負責通知程式畫主視窗和視窗內的所有內容。

```python
from tkinter import Canvas, Tk, messagebox, font

canvas_width = 800
canvas_height = 400

root = Tk()
c = Canvas(root, width=canvas_width, height=canvas_height, \
background='deep sky blue')
c.create_rectangle(-5, canvas_height - 100, canvas_width + 5, \
canvas_height + 5, fill='sea green', width=0)
c.create_oval(-80, -80, 120, 120, fill='orange', width=0)
c.pack()
```

建立一個視窗。

產生 800 像素 ×400 像素的天藍色畫布。

使用反斜線（\）字元將一行過長的程式分成兩行。

這行程式碼負責產生太陽。

**4** 　**確認畫布的外觀**
執行程式碼，看看畫布目前的外觀。成功的話，會看到遊戲場景裡有綠色的草地、藍色的天空和明亮的太陽。對自己的程式能力有信心的人可以試著利用不同顏色、大小的形狀，設計自己的場景。如果程式執行上發生問題，隨時回頭檢查上面的程式碼。

tk

### 5 設定雞蛋

前幾個變數負責儲存雞蛋的顏色、寬度和高度，後幾個變數則
負責儲存玩家獲得的分數、雞蛋的掉落速度，以及每隔多久的
時間要在螢幕上產生新雞蛋。這幾個變數值的改變量取決於
**difficulty_factor**，事實上，這個變數的值越小，遊戲的
難度就越高。

函式 **cycle()** 讓我們能
輪流使用清單裡的每個
顏色。

```
c.pack()

color_cycle = cycle(['light blue', 'light green', 'light pink', 'light yellow', 'light cyan'])
egg_width = 45
egg_height = 55
egg_score = 10
egg_speed = 500
egg_interval = 4000
difficulty_factor = 0.95
```

玩家接到一顆雞蛋可以得 10 分。

每 4000 微秒（4 秒）出現一顆新雞蛋。

每次接到一顆雞蛋後，這個數值會影響速度和
時間間隔改變的程度（變數值接近 1 表示遊戲越簡單）。

### 6 設定接蛋籃

接著，新增變數設定接蛋籃和接蛋籃的顏色、大小。其中四個變數
負責儲存接蛋籃的初始位置，這幾個數值是根據畫布大小和接蛋籃
的大小計算；計算完這幾個數值後，程式再用這些數值產生弧線，
當作接蛋籃。

別忘了儲存你的
工作成果。

```
difficulty_factor = 0.95

catcher_color = 'blue'
catcher_width = 100
catcher_height = 100
catcher_start_x = canvas_width / 2 - catcher_width / 2
catcher_start_y = canvas_height - catcher_height - 20
catcher_start_x2 = catcher_start_x + catcher_width
catcher_start_y2 = catcher_start_y + catcher_height

catcher = c.create_arc(catcher_start_x, catcher_start_y, \
                catcher_start_x2, catcher_start_y2, start=200, extent=140, \
                style='arc', outline=catcher_color, width=3)
```

設定接蛋籃的高度，
用來畫弧線。

這些程式碼負責設定接蛋籃的起
點，把接蛋籃放在視窗中間、靠近
畫布底部的位置。

設定弧形的起點
在角度 200 度的
位置。

弧形延伸
140 度。

畫接蛋籃。

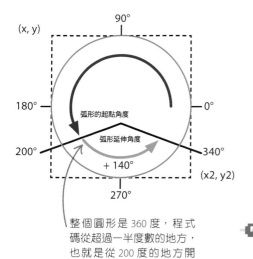

(x, y)　90°

180°　弧形的起點角度　0°

弧形延伸角度

200°　+ 140°　340°

(x2, y2)

270°

整個圓形是 360 度，程式碼從超過一半度數的地方，也就是從 200 度的地方開始畫弧形。

◁ **程式技巧**

這個範例程式以弧線來表示接蛋籃，弧線是一個完整圓形的一部分。想像 tkinter 物件在一個看不見的盒子裡先畫一個圓形，前兩個 **catcher_start** 變數的座標（x 和 y）負責畫盒子其中一個角，後兩個座標（x2 和 y2）則是負責畫對角的位置。函式 **create_arc()** 有兩個參數，兩個參數值都是角度，目的是告訴函式在圓形的哪個部分畫出弧線：**start** 表示從哪個角度開始畫，**extent** 則表示弧線要延伸幾度才停下來。

這些討人厭的小鳥！

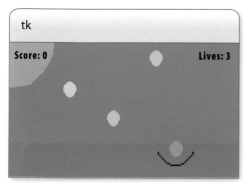

**7** **計算玩家的分數和生命數**

請在設定接蛋籃的程式碼下面，新增以下這段粗體字程式碼。目的是設定玩家分數的初始值為 0，在螢幕上產生文字負責顯示分數；設定玩家剩餘的生命數為 3，並且在畫面上顯示這個數字。為了確認這段程式碼能否正常運作，請先在程式碼最後一行新增 **root.mainloop()**，然後執行程式碼。確認完畢後，記得將這行程式碼移除，我們之後會在需要它的時候再加回來。

```
catcher = c.create_arc(catcher_start_x, catcher_start_y, \
                       catcher_start_x2, catcher_start_y2, start=200, extent=140,
                       style='arc', outline=catcher_color, width=3)


game_font = font.nametofont('TkFixedFont')

game_font.config(size=18)

score = 0
score_text = c.create_text(10, 10, anchor='nw', font=game_font, fill='darkblue', \
                  text='Score: ' + str(score))

lives_remaining = 3

lives_text = c.create_text(canvas_width - 10, 10, anchor='ne', font=game_font, \
                  fill='darkblue', text='Lives ' + str(lives_remaining))
```

選擇一個很酷的電腦字型。

改變這個數字能讓文字變大或變小。

玩家一開始有三條命。

# 雞蛋落下、計算分數、雞蛋落地

我們已經完成三個部分的設定工作，現在該寫程式碼讓遊戲運作。我們需要幾個函式幫忙產生新雞蛋、讓雞蛋落下、處理玩家接到雞蛋和雞蛋落地的情況。

**8** 接雞蛋

請新增以下的粗體字程式碼。在這段程式碼裡，雞蛋清單負責追蹤螢幕上所有雞蛋的資料；函式 **create_egg()** 負責決定每顆新雞蛋的座標（x 坐標一定是隨機選取），然後產生橢圓形的雞蛋，加到雞蛋清單裡；最後，設定計時器，程式會在一段時間後再次呼叫這個函式。

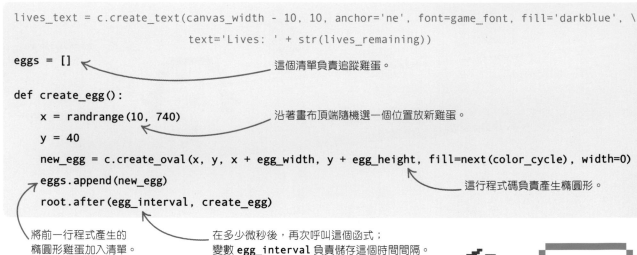

```
lives_text = c.create_text(canvas_width - 10, 10, anchor='ne', font=game_font, fill='darkblue', \
                           text='Lives: ' + str(lives_remaining))

eggs = []                                              這個清單負責追蹤雞蛋。

def create_egg():
    x = randrange(10, 740)                             沿著畫布頂端隨機選一個位置放新雞蛋。
    y = 40
    new_egg = c.create_oval(x, y, x + egg_width, y + egg_height, fill=next(color_cycle), width=0)
    eggs.append(new_egg)                                              這行程式碼負責產生橢圓形。
    root.after(egg_interval, create_egg)
```

將前一行程式產生的橢圓形雞蛋加入清單。

在多少微秒後，再次呼叫這個函式；變數 **egg_interval** 負責儲存這個時間間隔。

**9** 移動雞蛋

產生雞蛋後，緊接著新增下面這個函式 move_eggs()，負責移動雞蛋。這個函式會處理螢幕上的所有雞蛋，增加每個雞蛋的 y 座標值，讓雞蛋往螢幕下方移動。雞蛋移動之後，程式會檢查這顆雞蛋是否碰到螢幕底部，如果碰到，就判斷雞蛋落地，呼叫函式 **egg_dropped()** 處理。最後，也是設定計時器，讓程式在短暫的時間間隔後，再次呼叫函式 move_eggs()。

救我！
天空正在下蛋雨！

```
    root.after(egg_interval, create_egg)

def move_eggs():
    for egg in eggs:
        (egg_x, egg_y, egg_x2, egg_y2) = c.coords(egg)
        c.move(egg, 0, 10)
        if egg_y2 > canvas_height:
            egg_dropped(egg)
    root.after(egg_speed, move_eggs)
```

重覆執行程式，處理清單中的所有雞蛋。

取得每顆雞蛋的座標。

雞蛋每次往螢幕下方移動 10 個像素。

雞蛋是否碰到螢幕底部？

如果碰到，呼叫函式處理掉到地上的雞蛋。

在多少微秒後，再次呼叫這個函式；變數 **egg_speed** 負責儲存這個時間間隔。

**10** **糟了，雞蛋落地！**

請在函式 move_eggs() 下面，新增函式 egg_dropped()。雞蛋落地時，這個函式會從清單裡刪除這顆雞蛋的資料，並且從畫布上移除雞蛋；使用函式 lose_a_life() 減掉玩家一條生命，我們之後會在步驟 11 完成這個函式。如果玩家失去一條命後，已經沒有生命數了，遊戲會跳出訊息『Game Over!』（遊戲結束）。

如果玩家已經沒有生命數，就通知玩家遊戲結束。

```
root.after(egg_speed, move_eggs)

def egg_dropped(egg):
    eggs.remove(egg)
    c.delete(egg)
    lose_a_life()
    if lives_remaining == 0:
        messagebox.showinfo('Game Over!', 'Final Score: ' \
                            + str(score))
        root.destroy()
```

從雞蛋清單裡刪除這顆雞蛋的資料。

讓雞蛋從畫布上消失。

呼叫函式 lose_a_life()。

遊戲結束。

**11** **失去一條命**

當玩家失去一條命，程式要做的事包函從變數 lives_remaining 減掉一條命，以及在螢幕上顯示新的生命數。請在函式 eggs_dropped() 下面，新增右邊這幾行粗體字程式碼。

```
root.destroy()

def lose_a_life():
    global lives_remaining
    lives_remaining -= 1
    c.itemconfigure(lives_text, text='Lives: ' \
                    + str(lives_remaining))
```

這個變數必須設定為全域變數，函式才能修改它的變數值。

玩家失去一條命。

更新文字，顯示玩家剩餘的生命數。

**12** **檢查玩家是否接到雞蛋**

這一步要新增函式 check_catch()。如果雞蛋落在接蛋籃的弧線內，就表示玩家接到雞蛋。為了確認玩家是否接到雞蛋，我們用 for 迴圈取得每顆雞蛋的座標，再和接蛋籃的座標互相比較，如果符合條件，就表示玩家接到雞蛋。接到雞蛋後，程式從清單裡刪除雞蛋資料，從畫面上移除雞蛋，並且增加玩家的分數。

```
c.itemconfigure(lives_text, text='Lives: ' + str(lives_remaining))

def check_catch():
    (catcher_x, catcher_y, catcher_x2, catcher_y2) = c.coords(catcher)
    for egg in eggs:
        (egg_x, egg_y, egg_x2, egg_y2) = c.coords(egg)
        if catcher_x < egg_x and egg_x2 < catcher_x2 and catcher_y2 - egg_y2 < 40:
            eggs.remove(egg)
            c.delete(egg)
            increase_score(egg_score)
    root.after(100, check_catch)
```

取得接蛋籃的座標。

取得雞蛋的座標。

雞蛋是否落在接蛋籃的水平和垂直範圍內？

玩家分數增加 10 分。

100 微秒（十分之一秒）後再次呼叫這個函式。

**13** 增加分數
在最後這個函式裡，參數 `points` 的值負責增加玩家的分數；接著，將目前的雞蛋速度和時間間隔乘上遊戲難度因子，計算出雞蛋的新速度和掉落的時間間隔；最後，將螢幕上的文字更新為玩家的新分數。請在函式 `check_catch()` 下面，新增以下這個新函式。

我已經接到夠多的雞蛋了，可以做一頓美味的餐點！

```
root.after(100, check_catch)

def increase_score(points):
    global score, egg_speed, egg_interval      ← 增加玩家的分數。
    score += points
    egg_speed = int(egg_speed * difficulty_factor)
    egg_interval = int(egg_interval * difficulty_factor)
    c.itemconfigure(score_text, text='Score: ' + str(score))
```

這行程式碼負責更新文字，顯示玩家的分數。

# 接住這些雞蛋！

我們終於完成遊戲需要的所有圖形和函式了，最後剩餘的程式碼就是負責控制接蛋籃和啟動遊戲的命令。

**14** 設定控制方式
在右邊這段粗體字程式碼裡，函式 `move_left()` 和 `move_right()` 利用接蛋籃的座標，確保接蛋籃不會跑出螢幕，如果接蛋籃還有移動空間，程式才會讓它平移 20 個像素；利用函式 `bind()`，讓這兩個函式跟鍵盤上的左、右鍵連動；函式 `focus_set()` 會幫忙程式偵測玩家是否按下按鍵。請在函式 `increase_score()` 下面，新增右邊這個新函式。

接蛋籃是否碰到視窗右邊的邊框？

玩家按下按鍵時，呼叫這個函式。

```
c.itemconfigure(score_text, text='Score: \
                ' + str(score))

def move_left(event):
    (x1, y1, x2, y2) = c.coords(catcher)
    if x1 > 0:
        c.move(catcher, -20, 0)

def move_right(event):
    (x1, y1, x2, y2) = c.coords(catcher)
    if x2 < canvas_width:
        c.move(catcher, 20, 0)

c.bind('<Left>', move_left)
c.bind('<Right>', move_right)
c.focus_set()
```

接蛋籃是否碰到視窗左邊的邊框？

沒有碰到邊框，就將接蛋籃左移。

沒有碰到邊框，就將接蛋籃往右移。

**15** **遊戲開始！**
遊戲開始後，程式利用計時器執行三個迴圈的函式，確保它們不會在主迴圈開始前就被執行。最後一行函式 `mainloop()` 會觸發 tkinter 迴圈，負責管理所有的迴圈和計時器。完成所有工作後，請好好享受這個遊戲，別讓雞蛋砸碎了！

```
c.focus_set()

root.after(1000, create_egg)
root.after(1000, move_eggs)
root.after(1000, check_catch)
root.mainloop()
```

暫停 1000 微秒（1 秒）後，才開始執行三個遊戲迴圈。

啟動主要的 tkinter 迴圈。

# 進階變化的技巧

為了讓遊戲外觀更好看，你還可以試著新增一些很酷的遊戲場景。在遊戲內加入歡樂的音效和音樂也是很棒的做法，讓遊戲更精采刺激。

⸱⸱⸱ **程式高手秘笈**

## 安裝模組

有些實用的 Python 模組，例如，**Pygame** 並沒有包含在 Python 的標準函式庫裡，因此，如果想使用這類的模組，必須自己安裝。想了解如何安裝模組，請參見網頁：`https://docs.python.org/3/installing/`，Python 在這個介紹模組的網頁上，提供了最完善的指示和訣竅。

◁ **設定場景**
tkinter 模組允許我們載入圖片作為畫布的背景。如果你的檔案是 GIF 檔，可以使用函式 `tkinter.PhotoImage()` 載入圖檔；如果圖片檔案是其他格式，或許要考慮使用 **pillow** 模組，這個模組非常擅長處理圖片。

▷ **製造一些雜音！**
想讓遊戲更生動，就要加點背景音樂，或是在玩家接住雞蛋、失去一條命時，加點音效。想加入音效，可以使用模組 **pygame.mixer**，但請記住，**pygame** 並不是 Python 的標準模組，所以使用前必須先安裝模組。此外，還要將你想播放的音效檔複製到和程式碼相同的檔案夾下。所有的準備工作都完成後，只要幾行簡單的程式碼就能播放音效。

```
import time


from pygame import mixer


mixer.init()
beep = mixer.Sound("beep.wav")
beep.play()
time.sleep(5)
```

讓混音器準備播放音效。

告訴混音器要撥哪個音效檔。

播放音效。

讓程式執行夠長的時間才能聽到音效。

# 參考資料

# 範例程式碼

本章列出書中所有範例的完整程式碼，但不包含進階變化部分的程
式碼。如果發現 Python 專案無法順利執行，請對照以下程式碼，仔
細檢查你的檔案內容。

**動物益智問答（第36頁）**

```python
def check_guess(guess, answer):
    global score
    still_guessing = True
    attempt = 0
    while still_guessing and attempt < 3:
        if guess.lower() == answer.lower():
            print('Correct Answer')
            score = score + 1
            still_guessing = False
        else:
            if attempt < 2:
                guess = input('Sorry wrong answer. Try again ')
            attempt = attempt + 1

    if attempt == 3:
        print('The correct answer is ' + answer)

score = 0
print('Guess the Animal')
guess1 = input('Which bear lives at the North Pole? ')
check_guess(guess1, 'polar bear')
guess2 = input('Which is the fastest land animal? ')
check_guess(guess2, 'cheetah')
guess3 = input('Which is the largest animal? ')
check_guess(guess3, 'blue whale')

print('Your score is ' + str(score))
```

**密碼組合 & 產生器（第52頁）**

```python
import random
import string

adjectives = ['sleepy', 'slow', 'smelly',
              'wet', 'fat', 'red',
              'orange', 'yellow', 'green',
              'blue', 'purple', 'fluffy',
```

```
                'white', 'proud', 'brave']
nouns = ['apple', 'dinosaur', 'ball',
         'toaster', 'goat', 'dragon',
         'hammer', 'duck', 'panda']

print('Welcome to Password Picker!')

while True:
    adjective = random.choice(adjectives)
    noun = random.choice(nouns)
    number = random.randrange(0, 100)
    special_char = random.choice(string.punctuation)

    password = adjective + noun + str(number) + special_char
    print('Your new password is: %s' % password)

    response = input('Would you like another password? Type y or n: ')
    if response == 'n':
        break
```

## 九條命（第60頁）

```
import random

lives = 9
words = ['pizza', 'fairy', 'teeth', 'shirt', 'otter', 'plane']
secret_word = random.choice(words)
clue = list('?????')
heart_symbol = u'\u2764'
guessed_word_correctly = False

def update_clue(guessed_letter, secret_word, clue):
    index = 0
    while index < len(secret_word):
        if guessed_letter == secret_word[index]:
            clue[index] = guessed_letter
        index = index + 1

while lives > 0:
    print(clue)
    print('Lives left: ' + heart_symbol * lives)
    guess = input('Guess a letter or the whole word: ')

    if guess == secret_word:
        guessed_word_correctly = True
        break

    if guess in secret_word:
        update_clue(guess, secret_word, clue)
    else:
```

```
        print('Incorrect. You lose a life')
        lives = lives - 1

if guessed_word_correctly:
    print('You won! The secret word was ' \
+ secret_word)
else:
    print('You lost! The secret word was ' \
+ secret_word)
```

## 機器人產生器（第72頁）

```
import turtle as t

def rectangle(horizontal, vertical, color):
    t.pendown()
    t.pensize(1)
    t.color(color)
    t.begin_fill()
    for counter in range(1, 3):
        t.forward(horizontal)
        t.right(90)
        t.forward(vertical)
        t.right(90)
    t.end_fill()
    t.penup()

t.penup()
t.speed('slow')
t.bgcolor('Dodger blue')

# feet
t.goto(-100, -150)
rectangle(50, 20, 'blue')
t.goto(-30, -150)
rectangle(50, 20, 'blue')

# legs
t.goto(-25, -50)
rectangle(15, 100, 'grey')
t.goto(-55, -50)
rectangle(-15, 100, 'grey')

# body
t.goto(-90, 100)
rectangle(100, 150, 'red')

# arms
t.goto(-150, 70)
rectangle(60, 15, 'grey')
```

```
t.goto(-150, 110)
rectangle(15, 40, 'grey')

t.goto(10, 70)
rectangle(60, 15, 'grey')
t.goto(55, 110)
rectangle(15, 40, 'grey')

# neck
t.goto(-50, 120)
rectangle(15, 20, 'grey')

# head
t.goto(-85, 170)
rectangle(80, 50, 'red')

# eyes
t.goto(-60, 160)
rectangle(30, 10, 'white')
t.goto(-55, 155)
rectangle(5, 5, 'black')
t.goto(-40, 155)
rectangle(5, 5, 'black')

# mouth
t.goto(-65, 135)
rectangle(40, 5, 'black')

t.hideturtle()
```

## 螺旋萬花筒（第82頁）

```
import turtle
from itertools import cycle

colors = cycle(['red', 'orange', 'yellow', \
                'green', 'blue', 'purple'])

def draw_circle(size, angle, shift):
    turtle.pencolor(next(colors))
    turtle.circle(size)
    turtle.right(angle)
    turtle.forward(shift)
    draw_circle(size + 5, angle + 1, shift +
1)

turtle.bgcolor('black')
turtle.speed('fast')
turtle.pensize(4)
draw_circle(30, 0, 1)
```

## 星星萬花筒（第90頁）

```python
import turtle as t
from random import randint, random

def draw_star(points, size, col, x, y):
    t.penup()
    t.goto(x, y)
    t.pendown
    angle = 180 - (180 / points)
    t.color(col)
    t.begin_fill()
    for i in range(points):
        t.forward(size)
        t.right(angle)
    t.end_fill()

# Main code
t.Screen().bgcolor('dark blue')

while True:
    ranPts = randint(2, 5) * 2 + 1
    ranSize = randint(10, 50)
    ranCol = (random(), random(), random())
    ranX = randint(-350, 300)
    ranY = randint(-250, 250)

    draw_star(ranPts, ranSize, ranCol, ranX, ranY)
```

## 突變的彩虹萬花筒（第98頁）

```python
import random
import turtle as t

def get_line_length():
    choice = input('Enter line length (long, medium, short): ')
    if choice == 'long':
        line_length = 250
    elif choice == 'medium':
        line_length = 200
    else:
        line_length = 100
    return line_length

def get_line_width():
    choice = input('Enter line width (superthick, thick, thin): ')
    if choice == 'superthick':
        line_width = 40
    elif choice == 'thick':
        line_width = 25
```

```
    else:
        line_width = 10
    return line_width

def inside_window():
    left_limit = (-t.window_width() / 2) + 100
    right_limit = (t.window_width() / 2) - 100
    top_limit = (t.window_height() / 2) - 100
    bottom_limit = (-t.window_height() / 2) + 100
    (x, y) = t.pos()
    inside = left_limit < x < right_limit and bottom_limit < y < top_limit
    return inside

def move_turtle(line_length):
    pen_colors = ['red', 'orange', 'yellow', 'green', 'blue', 'purple']
    t.pencolor(random.choice(pen_colors))
    if inside_window():
        angle = random.randint(0, 180)
        t.right(angle)
        t.forward(line_length)
    else:
        t.backward(line_length)

line_length = get_line_length()
line_width = get_line_width()

t.shape('turtle')
t.fillcolor('green')
t.bgcolor('black')
t.speed('fastest')
t.pensize(line_width)

while True:
    move_turtle(line_length)
```

### 日期倒數計時器（第110頁）

```
from tkinter import Tk, Canvas
from datetime import date, datetime

def get_events():
    list_events = []
    with open('events.txt') as file:
        for line in file:
            line = line.rstrip('\n')
            current_event = line.split(',')
            event_date = datetime.strptime(current_event[1], '%d/%m/%y').date()
            current_event[1] = event_date
            list_events.append(current_event)
    return list_events
```

```
def days_between_dates(date1, date2):
    time_between = str(date1 - date2)
    number_of_days = time_between.split(' ')
    return number_of_days[0]

root = Tk()
c = Canvas(root, width=800, height=800, bg='black')
c.pack()
c.create_text(100, 50, anchor='w', fill='orange', font='Arial 28 bold underline', \
              text='My Countdown Calendar')

events = get_events()
today = date.today()

vertical_space = 100

for event in events:
    event_name = event[0]
    days_until = days_between_dates(event[1], today)
    display = 'It is %s days until %s' % (days_until, event_name)
    c.create_text(100, vertical_space, anchor='w', fill='lightblue', \
                  font='Arial 28 bold', text=display)

    vertical_space = vertical_space + 30
```

### 專家知識庫（第120頁）

```
from tkinter import Tk, simpledialog, messagebox

def read_from_file():
    with open('capital_data.txt') as file:
        for line in file:
            line = line.rstrip('\n')
            country, city = line.split('/')
            the_world[country] = city

def write_to_file(country_name, city_name):
    with open('capital_data.txt', 'a') as file:
        file.write('\n' + country_name + '/' + city_name)

print('Ask the Expert - Capital Cities of the World')
root = Tk()
root.withdraw()
the_world = {}

read_from_file()

while True:
    query_country = simpledialog.askstring('Country', 'Type the name of a country:')

    if query_country in the_world:
```

```
            result = the_world[query_country]
            messagebox.showinfo('Answer',
                                'The capital city of ' + query_country + ' is ' + result + '!')
        else:
            new_city = simpledialog.askstring('Teach me',
                                    'I don\'t know! ' +
                                    'What is the capital city of ' + query_country + '?')
            the_world[query_country] = new_city
            write_to_file(query_country, new_city)

root.mainloop()
```

## 祕密通訊（第130頁）

```
from tkinter import messagebox, simpledialog, Tk

def is_even(number):
    return number % 2 == 0

def get_even_letters(message):
    even_letters = []
    for counter in range(0, len(message)):
        if is_even(counter):
            even_letters.append(message[counter])
    return even_letters

def get_odd_letters(message):
    odd_letters = []
    for counter in range(0, len(message)):
        if not is_even(counter):
            odd_letters.append(message[counter])
    return odd_letters

def swap_letters(message):
    letter_list = []
    if not is_even(len(message)):
        message = message + 'x'
    even_letters = get_even_letters(message)
    odd_letters = get_odd_letters(message)
    for counter in range(0, int(len(message)/2)):
        letter_list.append(odd_letters[counter])
        letter_list.append(even_letters[counter])
    new_message = ''.join(letter_list)
    return new_message

def get_task():
    task = simpledialog.askstring('Task', 'Do you want to encrypt or decrypt?')
    return task
```

```python
def get_message():
    message = simpledialog.askstring('Message', 'Enter the secret message: ')
    return message


root = Tk()

while True:
    task = get_task()
    if task == 'encrypt':
        message = get_message()
        encrypted = swap_letters(message)
        messagebox.showinfo('Ciphertext of the secret message is:', encrypted)
    elif task == 'decrypt':
        message = get_message()
        decrypted = swap_letters(message)
        messagebox.showinfo('Plaintext of the secret message is:', decrypted)
    else:
        break
root.mainloop()
```

## 電子寵物（第142頁）

```python
from tkinter import HIDDEN, NORMAL, Tk, Canvas

def toggle_eyes():
    current_color = c.itemcget(eye_left, 'fill')
    new_color = c.body_color if current_color == 'white' else 'white'
    current_state = c.itemcget(pupil_left, 'state')
    new_state = NORMAL if current_state == HIDDEN else HIDDEN
    c.itemconfigure(pupil_left, state=new_state)
    c.itemconfigure(pupil_right, state=new_state)
    c.itemconfigure(eye_left, fill=new_color)
    c.itemconfigure(eye_right, fill=new_color)

def blink():
    toggle_eyes()
    root.after(250, toggle_eyes)
    root.after(3000, blink)

def toggle_pupils():
    if not c.eyes_crossed:
        c.move(pupil_left, 10, -5)
        c.move(pupil_right, -10, -5)
        c.eyes_crossed = True
    else:
        c.move(pupil_left, -10, 5)
        c.move(pupil_right, 10, 5)
        c.eyes_crossed = False
```

```python
def toggle_tongue():
    if not c.tongue_out:
        c.itemconfigure(tongue_tip, state=NORMAL)
        c.itemconfigure(tongue_main, state=NORMAL)
        c.tongue_out = True
    else:
        c.itemconfigure(tongue_tip, state=HIDDEN)
        c.itemconfigure(tongue_main, state=HIDDEN)
        c.tongue_out = False

def cheeky(event):
    toggle_tongue()
    toggle_pupils()
    hide_happy(event)
    root.after(1000, toggle_tongue)
    root.after(1000, toggle_pupils)
    return

def show_happy(event):
    if (20 <= event.x and event.x <= 350) and (20 <= event.y and event.y <= 350):
        c.itemconfigure(cheek_left, state=NORMAL)
        c.itemconfigure(cheek_right, state=NORMAL)
        c.itemconfigure(mouth_happy, state=NORMAL)
        c.itemconfigure(mouth_normal, state=HIDDEN)
        c.itemconfigure(mouth_sad, state=HIDDEN)
        c.happy_level = 10
    return

def hide_happy(event):
    c.itemconfigure(cheek_left, state=HIDDEN)
    c.itemconfigure(cheek_right, state=HIDDEN)
    c.itemconfigure(mouth_happy, state=HIDDEN)
    c.itemconfigure(mouth_normal, state=NORMAL)
    c.itemconfigure(mouth_sad, state=HIDDEN)
    return

def sad():
    if c.happy_level == 0:
        c.itemconfigure(mouth_happy, state=HIDDEN)
        c.itemconfigure(mouth_normal, state=HIDDEN)
        c.itemconfigure(mouth_sad, state=NORMAL)
    else:
        c.happy_level -= 1
    root.after(5000, sad)

root = Tk()
c = Canvas(root, width=400, height=400)
c.configure(bg='dark blue', highlightthickness=0)
c.body_color = 'SkyBlue1'
```

```
body = c.create_oval(35, 20, 365, 350, outline=c.body_color, fill=c.body_color)
ear_left = c.create_polygon(75, 80, 75, 10, 165, 70, outline=c.body_color, fill=c.body_color)
ear_right = c.create_polygon(255, 45, 325, 10, 320, 70, outline=c.body_color, fill=c.body_color)
foot_left = c.create_oval(65, 320, 145, 360, outline=c.body_color, fill=c.body_color)
foot_right = c.create_oval(250, 320, 330, 360, outline=c.body_color, fill=c.body_color)

eye_left = c.create_oval(130, 110, 160, 170, outline='black', fill='white')
pupil_left = c.create_oval(140, 145, 150, 155, outline='black', fill='black')
eye_right = c.create_oval(230, 110, 260, 170, outline='black', fill='white')
pupil_right = c.create_oval(240, 145, 250, 155, outline='black', fill='black')

mouth_normal = c.create_line(170, 250, 200, 272, 230, 250, smooth=1, width=2, state=NORMAL)
mouth_happy = c.create_line(170, 250, 200, 282, 230, 250, smooth=1, width=2, state=HIDDEN)
mouth_sad = c.create_line(170, 250, 200, 232, 230, 250, smooth=1, width=2, state=HIDDEN)
tongue_main = c.create_rectangle(170, 250, 230, 290, outline='red', fill='red', state=HIDDEN)
tongue_tip = c.create_oval(170, 285, 230, 300, outline='red', fill='red', state=HIDDEN)

cheek_left = c.create_oval(70, 180, 120, 230, outline='pink', fill='pink', state=HIDDEN)
cheek_right = c.create_oval(280, 180, 330, 230, outline='pink', fill='pink', state=HIDDEN)

c.pack()

c.bind('<Motion>', show_happy)
c.bind('<Leave>', hide_happy)
c.bind('<Double-1>', cheeky)

c.happy_level = 10
c.eyes_crossed = False
c.tongue_out = False

root.after(1000, blink)
root.after(5000, sad)
root.mainloop()
```

## 毛毛蟲餓了（第158頁）

```
import random
import turtle as t

t.bgcolor('yellow')

caterpillar = t.Turtle()
caterpillar.shape('square')
caterpillar.color('red')
caterpillar.speed(0)
caterpillar.penup()
caterpillar.hideturtle()

leaf = t.Turtle()
```

```python
leaf_shape = ((0, 0), (14, 2), (18, 6), (20, 20), (6, 18), (2, 14))
t.register_shape('leaf', leaf_shape)
leaf.shape('leaf')
leaf.color('green')
leaf.penup()
leaf.hideturtle()
leaf.speed(0)

game_started = False
text_turtle = t.Turtle()
text_turtle.write('Press SPACE to start', align='center', font=('Arial', 16, 'bold'))
text_turtle.hideturtle()

score_turtle = t.Turtle()
score_turtle.hideturtle()
score_turtle.speed(0)

def outside_window():
    left_wall = -t.window_width() / 2
    right_wall = t.window_width() / 2
    top_wall = t.window_height() / 2
    bottom_wall = -t.window_height() / 2
    (x, y) = caterpillar.pos()
    outside = \
            x< left_wall or \
            x> right_wall or \
            y< bottom_wall or \
            y> top_wall
    return outside

def game_over():
    caterpillar.color('yellow')
    leaf.color('yellow')
    t.penup()
    t.hideturtle()
    t.write('GAME OVER!', align='center', font=('Arial', 30, 'normal'))

def display_score(current_score):
    score_turtle.clear()
    score_turtle.penup()
    x = (t.window_width() / 2) - 50
    y = (t.window_height() / 2) - 50
    score_turtle.setpos(x, y)
    score_turtle.write(str(current_score), align='right', font=('Arial', 40, 'bold'))

def place_leaf():
    leaf.ht()
    leaf.setx(random.randint(-200, 200))
```

```python
        leaf.sety(random.randint(-200, 200))
        leaf.st()

def start_game():
    global game_started
    if game_started:
        return
    game_started = True

    score = 0
    text_turtle.clear()

    caterpillar_speed = 2
    caterpillar_length = 3
    caterpillar.shapesize(1, caterpillar_length, 1)
    caterpillar.showturtle()
    display_score(score)
    place_leaf()

    while True:
        caterpillar.forward(caterpillar_speed)
        if caterpillar.distance(leaf) < 20:
            place_leaf()
            caterpillar_length = caterpillar_length + 1
            caterpillar.shapesize(1, caterpillar_length, 1)
            caterpillar_speed = caterpillar_speed + 1
            score = score + 10
            display_score(score)
        if outside_window():
            game_over()
            break

def move_up():
    if caterpillar.heading() == 0 or caterpillar.heading() == 180:
        caterpillar.setheading(90)

def move_down():
    if caterpillar.heading() == 0 or caterpillar.heading() == 180:
        caterpillar.setheading(270)

def move_left():
    if caterpillar.heading() == 90 or caterpillar.heading() == 270:
        caterpillar.setheading(180)

def move_right():
    if caterpillar.heading() == 90 or caterpillar.heading() == 270:
        caterpillar.setheading(0)
t.onkey(start_game, 'space')
t.onkey(move_up, 'Up')
t.onkey(move_right, 'Right')
```

```
t.onkey(move_down, 'Down')
t.onkey(move_left, 'Left')
t.listen()
t.mainloop()
```

**眼明手快（第168頁）**

```
import random
import time
from tkinter import Tk, Canvas, HIDDEN, NORMAL

def next_shape():
    global shape
    global previous_color
    global current_color

    previous_color = current_color

    c.delete(shape)
    if len(shapes) > 0:
        shape = shapes.pop()
        c.itemconfigure(shape, state=NORMAL)
        current_color = c.itemcget(shape, 'fill')
        root.after(1000, next_shape)
    else:
        c.unbind('q')
        c.unbind('p')
        if player1_score > player2_score:
            c.create_text(200, 200, text='Winner: Player 1')
        elif player2_score > player1_score:
            c.create_text(200, 200, text='Winner: Player 2')
        else:
            c.create_text(200, 200, text='Draw')
        c.pack()

def snap(event):
    global shape
    global player1_score
    global player2_score
    valid = False

    c.delete(shape)
    if previous_color == current_color:
        valid = True

    if valid:
        if event.char == 'q':
            player1_score = player1_score + 1
        else:
```

```
                player2_score = player2_score + 1
            shape = c.create_text(200, 200, text='SNAP! You score 1 point!')
        else:
            if event.char == 'q':
                player1_score = player1_score - 1
            else:
                player2_score = player2_score - 1
            shape = c.create_text(200, 200, text='WRONG! You lose 1 point!')
        c.pack()
        root.update_idletasks()
        time.sleep(1)

root = Tk()
root.title('Snap')
c = Canvas(root, width=400, height=400)

shapes = []

circle = c.create_oval(35, 20, 365, 350, outline='black', fill='black', state=HIDDEN)
shapes.append(circle)
circle = c.create_oval(35, 20, 365, 350, outline='red', fill='red', state=HIDDEN)
shapes.append(circle)
circle = c.create_oval(35, 20, 365, 350, outline='green', fill='green', state=HIDDEN)
shapes.append(circle)
circle = c.create_oval(35, 20, 365, 350, outline='blue', fill='blue', state=HIDDEN)
shapes.append(circle)

rectangle = c.create_rectangle(35, 100, 365, 270, outline='black', fill='black', state=HIDDEN)
shapes.append(rectangle)
rectangle = c.create_rectangle(35, 100, 365, 270, outline='red', fill='red', state=HIDDEN)
shapes.append(rectangle)
rectangle = c.create_rectangle(35, 100, 365, 270, outline='green', fill='green', state=HIDDEN)
shapes.append(rectangle)
rectangle = c.create_rectangle(35, 100, 365, 270, outline='blue', fill='blue', state=HIDDEN)
shapes.append(rectangle)

square = c.create_rectangle(35, 20, 365, 350, outline='black', fill='black', state=HIDDEN)
shapes.append(square)
square = c.create_rectangle(35, 20, 365, 350, outline='red', fill='red', state=HIDDEN)
shapes.append(square)
square = c.create_rectangle(35, 20, 365, 350, outline='green', fill='green', state=HIDDEN)
shapes.append(square)
square = c.create_rectangle(35, 20, 365, 350, outline='blue', fill='blue', state=HIDDEN)
shapes.append(square)
c.pack()

random.shuffle(shapes)

shape = None
```

```
previous_color = ''
current_color = ''
player1_score = 0
player2_score = 0

root.after(3000, next_shape)
c.bind('q', snap)
c.bind('p', snap)
c.focus_set()

root.mainloop()
```

## 記憶配對遊戲（第180頁）

```
import random
import time
from tkinter import Tk, Button, DISABLED

def show_symbol(x, y):
    global first
    global previousX, previousY
    buttons[x, y]['text'] = button_symbols[x, y]
    buttons[x, y].update_idletasks()

    if first:
        previousX = x
        previousY = y
        first = False
    elif previousX != x or previousY != y:
        if buttons[previousX, previousY]['text'] != buttons[x, y]['text']:
            time.sleep(0.5)
            buttons[previousX, previousY]['text'] = ''
            buttons[x, y]['text'] = ''
        else:
            buttons[previousX, previousY]['command'] = DISABLED
            buttons[x, y]['command'] = DISABLED
        first = True

root = Tk()
root.title('Matchmaker')
root.resizable(width=False, height=False)
buttons = {}
first = True
previousX = 0
previousY = 0
button_symbols = {}
symbols = [u'\u2702', u'\u2702', u'\u2705', u'\u2705', u'\u2708', u'\u2708',
           u'\u2709', u'\u2709', u'\u270A', u'\u270A', u'\u270B', u'\u270B',
```

```
                u'\u270C', u'\u270C', u'\u270F', u'\u270F', u'\u2712', u'\u2712',
                u'\u2714', u'\u2714', u'\u2716', u'\u2716', u'\u2728', u'\u2728']
random.shuffle(symbols)

for x in range(6):
    for y in range(4):
        button = Button(command=lambda x=x, y=y: show_symbol(x, y), width=3, height=3)
        button.grid(column=x, row=y)
        buttons[x, y] = button
        button_symbols[x, y] = symbols.pop()

root.mainloop()
```

### 接雞蛋（第190頁）

```
from itertools import cycle
from random import randrange
from tkinter import Canvas, Tk, messagebox, font

canvas_width = 800
canvas_height = 400

root = Tk()
c = Canvas(root, width=canvas_width, height=canvas_height, background='deep sky blue')
c.create_rectangle(-5, canvas_height - 100, canvas_width + 5, canvas_height + 5, \
                   fill='sea green', width=0)
c.create_oval(-80, -80, 120, 120, fill='orange', width=0)
c.pack()

color_cycle = cycle(['light blue', 'light green', 'light pink', 'light yellow', 'light cyan'])
egg_width = 45
egg_height = 55
egg_score = 10
egg_speed = 500
egg_interval = 4000
difficulty_factor = 0.95

catcher_color = 'blue'
catcher_width = 100
catcher_height = 100
catcher_start_x = canvas_width / 2 - catcher_width / 2
catcher_start_y = canvas_height - catcher_height - 20
catcher_start_x2 = catcher_start_x + catcher_width
catcher_start_y2 = catcher_start_y + catcher_height

catcher = c.create_arc(catcher_start_x, catcher_start_y, \
                       catcher_start_x2, catcher_start_y2, start=200, extent=140, \
                       style='arc', outline=catcher_color, width=3)
```

```python
game_font = font.nametofont('TkFixedFont')
game_font.config(size=18)

score = 0
score_text = c.create_text(10, 10, anchor='nw', font=game_font, fill='darkblue', \
                           text='Score: ' + str(score))

lives_remaining = 3
lives_text = c.create_text(canvas_width - 10, 10, anchor='ne', font=game_font, fill='darkblue', \
                           text='Lives: ' + str(lives_remaining))

eggs = []
def create_egg():
    x = randrange(10, 740)
    y = 40
    new_egg = c.create_oval(x, y, x + egg_width, y + egg_height, fill=next(color_cycle), width=0)
    eggs.append(new_egg)
    root.after(egg_interval, create_egg)

def move_eggs():
    for egg in eggs:
        (egg_x, egg_y, egg_x2, egg_y2) = c.coords(egg)
        c.move(egg, 0, 10)
        if egg_y2 > canvas_height:
            egg_dropped(egg)
    root.after(egg_speed, move_eggs)

def egg_dropped(egg):
    eggs.remove(egg)
    c.delete(egg)
    lose_a_life()
    if lives_remaining == 0:
        messagebox.showinfo('Game Over!', 'Final Score: ' + str(score))
        root.destroy()

def lose_a_life():
    global lives_remaining
    lives_remaining -= 1
    c.itemconfigure(lives_text, text='Lives: ' + str(lives_remaining))

def check_catch():
    (catcher_x, catcher_y, catcher_x2, catcher_y2) = c.coords(catcher)
    for egg in eggs:
        (egg_x, egg_y, egg_x2, egg_y2) = c.coords(egg)
        if catcher_x < egg_x and egg_x2 < catcher_x2 and catcher_y2 - egg_y2 < 40:
            eggs.remove(egg)
            c.delete(egg)
            increase_score(egg_score)
```

```python
        root.after(100, check_catch)

def increase_score(points):
    global score, egg_speed, egg_interval
    score += points
    egg_speed = int(egg_speed * difficulty_factor)
    egg_interval = int(egg_interval * difficulty_factor)
    c.itemconfigure(score_text, text='Score: ' + str(score))

def move_left(event):
    (x1, y1, x2, y2) = c.coords(catcher)
    if x1 > 0:
        c.move(catcher, -20, 0)

def move_right(event):
    (x1, y1, x2, y2) = c.coords(catcher)
    if x2 < canvas_width:
        c.move(catcher, 20, 0)

c.bind('<Left>', move_left)
c.bind('<Right>', move_right)
c.focus_set()

root.after(1000, create_egg)
root.after(1000, move_eggs)
root.after(1000, check_catch)
root.mainloop()
```

# 專有名詞

**ASCII（ASCII 碼）**
「美國資訊交換標準碼」（American Standard Code for Information Interchange）是以二進位碼儲存文字字元。

**Boolean expression（布林運算式）**
這種運算式只會有兩種可能的結果，不是 True（真）就是 False（假）。

**branch（分支）**
從程式中一個點分支出兩個不同的選項，程式會根據情況做不同的選擇。

**bug（臭蟲）**
指存在程式碼裡的錯誤，讓程式碼執行的結果不如我們預期的方式。

**call（呼叫）**
指在程式中使用函式。

**comment（註解）**
程式設計師加在程式碼裡的說明文字，目的是讓閱讀程式碼的人更容易理解程式碼的內容，程式執行時會忽略這些文字。

**condition（條件式）**
條件式也是利用 True（真）或 False（假）的陳述式，幫助電腦做出決策。請參見 *Boolean expression*（布林運算式）。

**constant（常數）**
常數的內容永遠固定不變。

**coordinates（座標）**
一組數字，用於準確描述一個確切的地點，通常寫成（x, y）。

**data（資料）**
指資訊，例如，文字、符號和數值。

**dictionary（字典）**
一群資料的集合，以成對的方式儲存資料，例如，國家和它的首都城市。

**debug（除錯）**
找出程式裡的錯誤，並且加以修正。

**encryption（加密）**
一種將資料編碼的方式，所以只有某些人才能閱讀或使用經過加密的資料。

**event（事件）**
會讓電腦程式做出反應的事，例如，按下按鍵或點擊滑鼠。

**file（檔案）**
以某個特定名稱儲存一群資料。

**flag variable（旗標變數）**
一種具有兩個狀態的變數，例如，True（真）和 False（假）。

**float（浮點數）**
帶有小數的數字。

**flowchart（程式流程圖）**
程式流程圖是使用一連串的步驟和決定，說明程式設計的內容。

**function（函式）**
指負責完成某個特定工作的程式碼，就像是在整個程式獨立運作的程式，也稱為程序（procedure）、子程式（subprogram）和副程式（subroutine）。

**global variable（全域變數）**
指能運用於整體程式的變數，請參見 *local variable*（區域變數）。

**graphics（圖像）**
指螢幕上除了文字以外的視覺元素，例如，圖片、圖示和符號。

**GUI（圖形化使用者介面）**
「Graphical User Interface」的縮寫，指程式裡的按鈕和視窗，透過這些組成部分，使用者才能看到程式並且與程式互動。

**hack（修改程式）**
指對原有的程式碼進行巧妙的修改，讓程式產生新的設計或是簡化程式的執行方式。（此外，也指未經他人許可進入某個電腦系統的行為。）

**hacker（駭客）**
指破解電腦系統的人。「白帽駭客」（White hat）為電腦資安公司工作，負責找出電腦系統的問題，並且修正；「黑帽駭客」（Black hat）則會入侵電腦系統，造成系統損害或從中獲利。

**indent（縮排）**
指一段程式碼的排版位置比前一段程式碼的位置更靠右邊。縮排通常會用四個空格，特定區塊裡的所有程式碼必須使用相同的縮排方式。

**index number（索引編號）**
指定一個數字編號給清單裡的一個資料值。在 Python 裡，第一個資料值的索引編號是 0、第二個是 1，以此類推。

**input（輸入）**
指輸入電腦的資料，鍵盤、滑鼠和麥克風這些工具都能輸入資料。

**integer（整數）**
完整而且不包含小數點的數字，不能寫成分數。

**interface（介面）**
使用者和軟體或硬體互動的方式，請參見 *GUI*（圖形化使用者介面）。

**library（函式庫）**
在其他專案裡也能重覆使用的函式集合。

**list（清單）**
按照編號順序儲存的資料集合。

**local variable（區域變數）**
只能在程式裡特定限制範圍內使用的變數，例如，函式裡的變數。請參見 *global variable*（全域變數）。

**loop（迴圈）**
迴圈是程式的一部分，能自己重覆執行，不需要多次輸入相同的程式碼。

**module（模組）**
模組是一套現成的程式碼，在 Python 程式裡匯入模組，就能使用大量好用的函式。

**nested loop（巢狀迴圈）**
迴圈裡還有另外一個迴圈的結構。

**operating system（作業系統，簡稱 OS）**
電腦上負責控制一切運作的程式，例如，Windows、macOS 或 Linux。

**operator（運算子）**
用於執行特定功能的符號，例如，「+」（加號）或「-」（減號）。

**output（輸出）**
指電腦程式產出的資料，並且能讓使用者檢視。

**parameter（參數）**
指定給函式使用的值，由呼叫函式的程式碼指定參數值。

**pixels（像素）**
指構成數位影像的迷你小點。

**program（程式）**
指一組指令，電腦依照這些指令完成工作任務。

**programming language（程式語言）**
指提供指令給電腦的語言。

**Python（Python）**
Python 是目前非常熱門的程式設計語言，由 Guido van Rossum 所開發，非常適合程式初學者學習。

**random（隨機）**
電腦程式裡的一個函式，允許程式產生無法預期的結果，在遊戲開發上非常有用。

**recursion（遞迴）**
指函式自己呼叫自己，因而產生迴圈的方式。

**return value（回傳值）**
呼叫（執行）一個函式後，從函式傳回來的變數值或資料值。

**run（執行）**
指啟動一個程式。

**software（軟體）**
指在電腦上執行而且能控制電腦的程式。

**statement（陳述式）**
一種程式語言裡最小的完整指令。

**string（字串）**
一串字元，包含數字、字母或符號，例如，冒號。

**syntax（語法）**
決定程式必須怎麼寫的規則，這樣程式才能正常運作。

**toggle（切換）**
在兩種不同的設定之間轉換。

**tuple（資料形態 tuple）**
一份資料清單，所有資料都放在括號裡，括號裡的每個資料值以逗號隔開。tuple 的用法和清單（list）類似，但是 tuple 的資料產生後，不能改變資料值。

**turtle graphics（turtle 繪圖）**
指 Python 裡的繪圖模組，讓一隻小烏龜機器人在螢幕上四處移動，畫出各種圖形。

**Unicode（標準萬國碼）**
指電腦系統使用的通用編碼，能表示數千個符號和文字字元。

**variable（變數）**
程式裡負責儲存資料的地方，可以改變資料值，例如，玩家的分數。變數有自己專屬的名稱和資料值。

**widget（元件）**
tkinter 模組為圖形化使用者介面所設計的元件，負責執行特殊功能，例如按鈕或選單。

# 索引

從**粗體字**標示的頁碼能找到
該項目的主要內容。

## A-Z

ASCII 字元集, 61
Button 元件, 184
Canvas 元件／畫布, **113**,
144
更大的視窗, 155
重新設計畫布, 118
Canvas 元件, 170
random 模組的內建函式
choice(), 54, 59, 62, 98,
140
itertools 模組的內建函式
cycle(), 84, 86, 194
datetime 模組, 58, 111, **114**
Python 的資料型態—字典,
121
新增資料到字典裡, 125
建立字典, 123
字典的用法, 124
『For』迴圈, 32–33
import 敘述, 59
Canvas 元件的函式
itemconfigure(), 175
Python 內建函式 lower(),
將單字裡所有的字母轉
成小寫, 40
Mac 電腦, 17
tkinter 模組內建的 mainloop
函式, 169, 181, 199
messagebox 元件, 126, **187**
webbrowser 模組的內建函
式 open(), 59
.py 檔, 23
pygame 模組, 199
Python, 12
Python 在生活中的實際應
用, 15
第一個 Python 程式,
22–23
安裝 Python, 16–17
Python 3, 16
random 模組的函式
randint(), 96
random 模組的函式
random(), 96

RGB 顏色, 105
tkinter 模組的內建函式, 143
root 元件, 113, 123, 134,
144, 170, 182, 193
Scratch, 12
Shell 視窗, 18
Shell 視窗的錯誤訊息, 48
random 模組的內建函式
shuffle(), 169, 173, 183
simpledialog 元件, 126
time 模組內建的 sleep 函式,
169
turtle 繪圖模組的函式
speed(), 97
turtle 繪圖模組的函式
stamp(), 106
Python 內建函式 str()，將數
字轉換成字串, 40, 55
string 模組, 53
time 模組的內建函式 time(),
59
Python 內建的時間模組,
169
tkinter 模組, 58, **111–13**,
121
座標, 145
接雞蛋, 191, 193, 195, 199
記憶配對遊戲, 181–82,
184–87
眼明手快, 168–70, 173,
176–77
toggle 事件, 146, 150–51
True 真／False 假陳述式,
**28–30**
動物益智問答, 42–43
九條命, 63
『turtle』繪圖模組的檔案
名稱, 73
turtle 繪圖模組
毛毛蟲餓了, 158–67
座標, 76
使用 turtle 模組畫圖, 73
隱藏畫筆, 78, 96
螺旋萬花筒, 82–89
保持在限制範圍內, 101,
103
突變的彩虹萬花筒,
98–107
機器人產生器, 72–81

失控的小烏龜, 101
畫筆的移動速度, 75
turtle 模組預設的畫筆模
式是標準模式, 74
星星萬花筒, 90–97
Unicode 字元集, 61
『while』迴圈, 33–34
Windows 作業系統, 16

## 2 劃

九條命, **60–69**
程式流程圖, 61
進階變化的技巧, 66–69
程式技巧, 61
範例說明, 60

## 3 劃

大型電玩風格的遊戲, 191
請參見接雞蛋
大寫, 129

## 4 劃

分支, 30–31
毛毛蟲餓了, **158–67**
一開始的準備工作,
159–60
程式流程圖, 159
進階變化的技巧, 165–67
程式技巧, 159
主迴圈, 161–62
雙人合作模式, 165–67
範例說明, 158
比較, 28–29
多個比較式, 29
日期倒數計時器, **110–19**
程式流程圖, 111
進階變化的技巧, 118–19
程式技巧, 111
範例說明, 110
比較性的問題, 28
文字檔, 111, 112–14
反覆試驗，從錯誤中學習,
81
元件, 111

## 5 劃

布林運算式, 29
布林值, 28
加密方式, 130
加密, 130, 131
多重加密, 141

## 6 劃

在這個情況下可以忽略大小
寫, 37, 40
字元
美國資訊交換標準碼, 61
標準萬國碼, 61
全域變數, 174
名稱錯誤, 50
字串, **26**, 55
空字串, 173
字串長度, 26, 136
重複字串, 65
拆字串, 116
回傳值, 47

## 7 劃

角度計算器, 93
找尋新的變化模式, 88
利用 Python 的 turtle 繪圖
模組, **72–107**
請參見螺旋萬花筒、突變
的彩虹萬花筒、機
器人產生器、星星
萬花筒等範例程式

## 8 劃

函式 append(), 68
函式 capitalize(), 129
函式 create_egg(), 196
函式 create_oval(), **171**, 177
函式 create_rectangle(), 172
空字串, 173
事件驅動程式, 143
事件處理器, 148
函式, 26, **44–47**
內建函式, 44
呼叫, 37, 44, 45
函式自己呼叫自己, 85, **86**

建立函式, 46–47
函式命名, 47
在程式檔案裡定義函式, 46
函式 input(), 44, 56
直譯器, 15
函式 int(), 118, 137
函式 join(), 136
函式 Lambda(), **181**, 184
函式 len()，計算資料長度, 26, 136
函式 listen(), 162
函式 max(), 45
函式 min(), 45
函式 onkey(), 162, 165, 167
函式 outside_window(), 162, **163**, 165–66
明文, 130
函式 print(), 44
官方網站, 16
函式 replace(), 45
函式 reverse(), 45
函式 setheading()，改變畫筆面對的方向, 81, 164
函式 sort(), 119
函式 start_gam(), 161, 162, 164, 166
函式 upper(), 45

## 9 劃

突變的彩虹萬花筒, **98–107**
程式流程圖, 100
進階變化的技巧, 105–07
程式技巧, 100–01
範例說明, 98–99
星星萬花筒, **90–97**
畫星星, 92–94
程式流程圖, 92
進階變化的技巧, 97
程式技巧, 92
範例說明, 90–91
重新設計文字風格, 119

## 10 劃

座標, 76, 94, 145
破解工具, 52
浮點數, 25

迴圈條件式, 33
迴圈, **32–35**
『For』迴圈, 32–33
無窮迴圈, 34
迴圈裡的迴圈, 35, 185
巢狀迴圈, 35, 185
停止迴圈, 34
『while』迴圈, 33–34
迴圈變數, 32
記憶配對遊戲, **180–89**
程式流程圖, 181
圖形化使用者介面, 182, 184
進階變化的技巧, 187–89
程式技巧, 181
範例說明, 180
祕密通訊, **130–41**
程式流程圖, 132
圖形化使用者介面, 133–34
進階變化的技巧, 138–41
程式技巧, 131–32
範例說明, 131
時機點, 190

## 11 劃

動物益智問答, **36–43**
程式流程圖, 37
進階變化的技巧, 42–43
程式技巧, 37
組合所有步驟, 38–41
範例說明, 36
專家知識庫, **120–29**
第一步, 122–24
程式流程圖, 121
進階變化的技巧, 128–29
程式技巧, 121
範例說明, 120
設定視窗的背景顏色, 75, 88
密文, 130
條件式, 30
常數, 55
密碼學, 130
產生延遲, 170, 173
接雞蛋, **190–99**
雞蛋落下、計算分數、雞蛋落地, 196–98
程式流程圖, 192

進階變化的技巧, 199
程式技巧, 192
範例說明, 190–91
專家系統, 121
清單, 27, 136
資料在清單裡的位置, 115
區域變數, 174
巢狀迴圈, 35, 185
移除隱藏字元, 114, 125
參數, 44
密碼組合 & 產生器, **52–57**
程式流程圖, 53
進階變化的技巧, 57
密碼, **52–56**
破解工具, 52
增加密碼長度, 57
一次取得更多密碼, 57
什麼是好密碼, 52
執行程式的快捷鍵, 23
問答題
請參見動物益智問答
進階變化的技巧, 42–43
多選題, 42
True 真或 False 假, 43
設定場景, 199
眼明手快, **168–79**
完成函式的程式碼, 174–76
程式流程圖, 169
圖形化使用者介面, 170
進階變化的技巧, 177–79
程式技巧, 169
範例說明, 168
通訊模組, 58
統計模組, 58

## 12 劃

畫弧形, 177–78
單引號
座標, 76
大括號, 123, 124
綠色文字, 19
兩兩成對, 51
參數, 39, 44–46
中括號, 27
變數, 24
程式裡的臭蟲, 13
除錯檢查表, 51

修正, 48
修正錯誤, 23, **48–51**
請參見進階變化的技巧
畫圓形, 82–85, 171
程式碼的縮排規則, 35
註解, 75, 95
等號, 28
程式流程圖, 22
動物益智問答, 37
專家知識庫, 121
毛毛蟲餓了, 159
日期倒數計時器, 111
接雞蛋, 192
螺旋萬花筒, 84
記憶配對遊戲, 181
突變的彩虹萬花筒, 100
九條命, 61
密碼組合 & 產生器, 53
機器人產生器, 73
電子寵物, 143
祕密通訊, 132
眼明手快, 169
星星萬花筒, 92
焦點視窗, 148
進階變化的技巧
動物益智問答, 42–43
專家知識庫, 128–29
毛毛蟲餓了, 165–67
日期倒數計時器, 118–19
接雞蛋, 199
螺旋萬花筒, 87–89
記憶配對遊戲, 187–89
突變的彩虹萬花筒, 105–07
九條命, 66–69
密碼組合 & 產生器, 57
機器人產生器, 79–81
電子寵物, 153–55
祕密通訊, 138–41
眼明手快, 177–79
星星萬花筒, 97
註解開頭的符號 #, 75
換行符號, 42
畫橢圓形, 171, 177
畫筆
顏色, 85
粗細 / 大小, 87
畫多邊形, 178
程式語言, 12

請參見 Python、Scratch
單引號
　空字串, 173
　綠色文字, 19
　兩兩成對的單引號, 49, 51
　字串, 26, 173
畫長方形, 74–75, 172
畫螺旋體, 82–89
畫正方形, 78, 172
畫電子寵物的舌頭, 149
進階變化的技巧
單字長度, 63
　變化單字的長度, 67–68

## 13 劃

解密, 130, 131
資料型態錯誤, 49–51
跳脫字元, 33
遊戲, **158–199**
　請參見毛毛蟲餓了；眼明
　　手快等範例
滑鼠
　電子寵物, 142, 144,
　　148–49, 151
　星星萬花筒, 97
電子寵物, **142–55**
　程式流程圖, 143
　進階變化的技巧, 153–55
　程式技巧, 143
　範例說明, 142
新增遊戲中使用的配對圖
　案, 183
資料型態錯誤, 50

## 14 劃

旗標變數, 150
圖形化使用者介面
　請參見 GUI
圖形化使用者介面, 111
　記憶配對遊戲, 182, 184
　祕密通訊, 133–134
　眼明手快, 170
製造一些雜音, 199
像素, 90
遞迴, 85, **86**
語法錯誤, 48, **49**

## 15 劃

寫程式時的重要技巧, 13
「寫程式」, 12–19
編輯視窗, 19
確認新答案是否正確, 129
線條
　畫線, 178
　畫線, 98–107
模組, **58–59**
　內建模組, 58
　安裝模組, 199
　使用模組, 59
模數運算子, 135
播放音樂, 199
數字運算, 25
範圍, 32
編輯視窗工具列的『Run』
　執行, 23, 38
播放音效, 199
標準函式庫, 14, 58

## 16 劃

錯誤訊息, 48
整合開發環境, 16
　程式碼文字的顏色, 19
　編輯視窗, 19
　編輯視窗的錯誤訊息, 48
　Shell 視窗, 18
　使用 IDLE 工具, 18–19
整數的位置編號, 137
整數, 25, 55
選擇 Python 的理由, 14
隨機模組, 53, 54, 58
隨機數字, 54
隨機模組裡的函式
　randrange(), 55
機器人產生器, **72–81**
　程式流程圖, 73
　進階變化的技巧, 79–81
　程式技巧, 73
　範例說明, 72

## 17 劃

檔案輸入, 111
檔案輸出, 125
隱藏畫筆, 78, 96, 160
縮排錯誤, 49
螺旋萬花筒, **82–89**
　畫圓形, 84–87
　程式流程圖, 84
　進階變化的技巧, 87–89
　程式技巧, 84
　範例說明, 82–83

## 18 劃

顏色, 79
　混合顏色, 90
　紅色、綠色、藍色, 105
瀏覽器模組, 58

## 19 劃

繪圖
　日期倒數計時器, 108
　突變的彩虹萬花筒,
　　98–102
　星星萬花筒, 94
　電子寵物, 142, 144
關鍵字 pass, **161**, 163

## 23 劃

變化遊戲難易度
　動物益智問答, 42–43
　毛毛蟲餓了, 158, 167
　接雞蛋, 194, 198
　九條命, 66–67
邏輯錯誤, 51
變數沒有初始值, 可以指定
　為單字『None』, 173
顯示分數, 161, 164, 166
變數 score, 38
變數, **24–27**
　建立變數, 24
　旗標, 150
　全域變數, 174
　區域變數, 174
　迴圈, 32
　變數命名, 24
　變數 score, 儲存玩家的
　　分數, 38

# 致謝

Dorling Kindersley 出版社要特別感謝以下幾位對本書付出的心力：Caroline Hunt 協助校對；Jonathan Burd 幫忙編排索引；Tina Jindal 和 Sonia Yooshing 協助編輯工作；Deeksha Saikia、Priyanjali Narain 和 Arpita Dasgupta 幫忙測試範例程式碼。